中等职业教育中餐烹饪专业教材

烹饪化学

（第二版）

PENGREN HUAXUE

(DI-ER BAN)

俞一夫◎主编

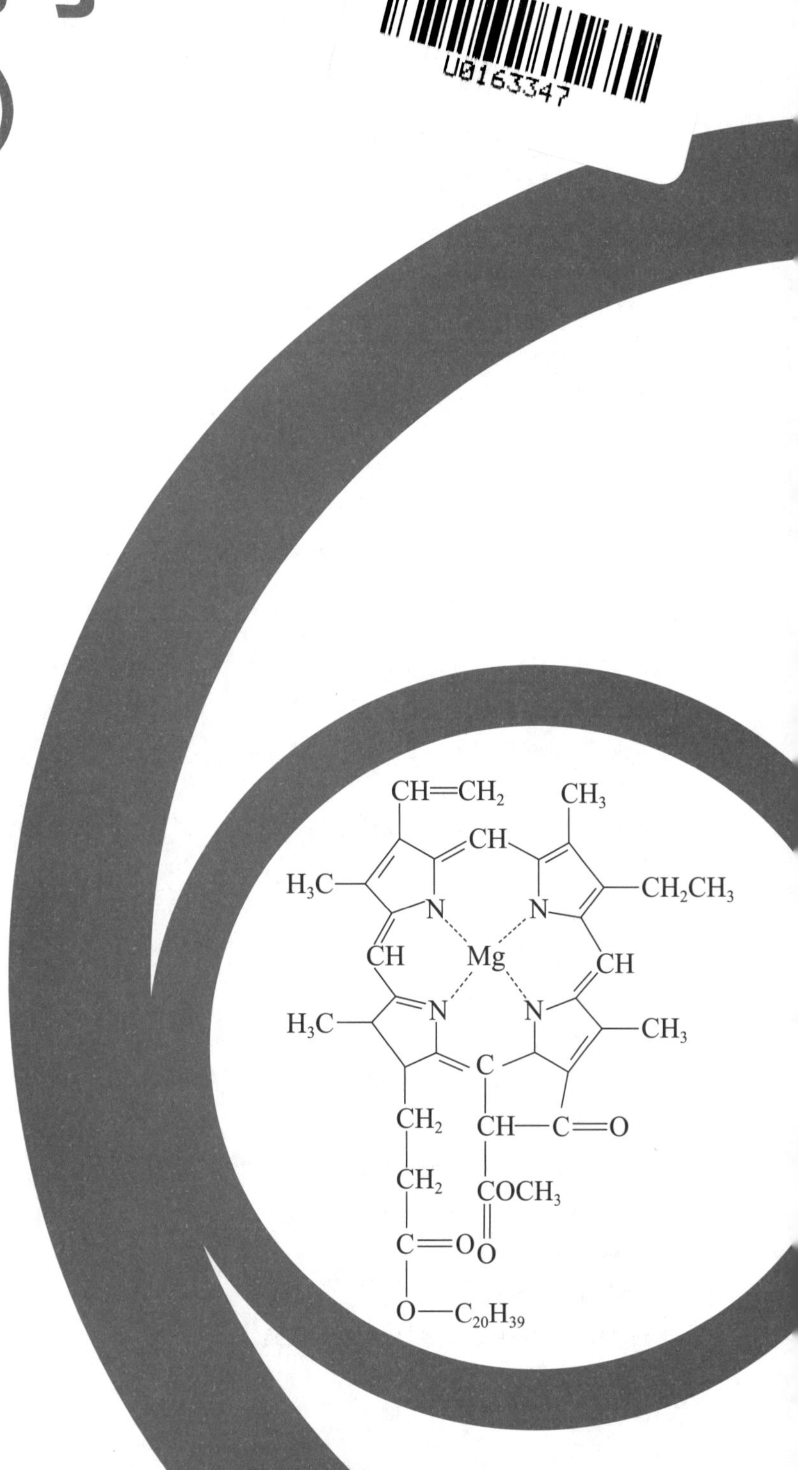

中国轻工业出版社

图书在版编目（CIP）数据

烹饪化学 / 俞一夫主编. —2版. —北京：中国轻工业出版社，2024.5

中等职业学校中餐烹饪专业教材

ISBN 978-7-5184-3417-6

Ⅰ. ①烹… Ⅱ. ①俞… Ⅲ. ①烹饪—应用化学—中等专业学校—教材 Ⅳ. ①TS972.1

中国版本图书馆CIP数据核字（2021）第034515号

责任编辑：方　晓　　责任终审：唐是雯　　设计制作：锋尚设计

策划编辑：史祖福　　责任校对：晋　洁　　责任监印：张　可

出版发行：中国轻工业出版社（北京鲁谷东街5号，邮编：100040）

印　　刷：三河市国英印务有限公司

经　　销：各地新华书店

版　　次：2024年5月第2版第3次印刷

开　　本：787×1092　1/16　印张：10.5

字　　数：215千字

书　　号：ISBN 978-7-5184-3417-6　定价：40.00元

邮购电话：010-85119873

发行电话：010-85119832　010-85119912

网　　址：http://www.chlip.com.cn

Email：club@chlip.com.cn

240870J3C203ZBW

PREFACE 前言（第二版）

《烹饪化学》是中等职业教育烹饪类专业的核心课程和必修课程。

学习《烹饪化学》，使学生懂得烹饪原料及其制品的营养成分、风味成分和有毒有害成分的种类、性质及其在烹饪中的作用和影响，以及这些成分在烹饪过程中的变化规律，对学生正确理解后续课程（教学项目）的烹饪工艺过程、技术要领，正确运用烹饪化学原理指导烹饪实践，提高烹饪技艺、变革烹饪工艺、创新烹饪方法都具有重要的意义。

自《烹饪化学》第一版出版以来，深受烹饪类专业师生的厚爱，也在烹饪行业内产生了积极的影响。本次修订再版，在保持第一版“有用、好用、够用、可用”等特点的基础上，突出了“以学生为中心”的教学理念和“因需定教，学以致用”的原则，对教材的结构、内容、形式等都作了较大的调整［尤其是在每章后面增加了“巩固提高练习（包括自测或练习、实践与探究）”，增加了二维码配套PPT教学资源等］，并力求在适应性、应用性、实践性、科学性等方面寻求更大的突破与创新，使本教材更加贴近烹饪专业学生实际和烹饪工作实际，更加注重理论在烹饪实践中的应用和理论对烹饪实践的指导作用，更加适应烹饪化学的发展和职业教育教学的发展，从而更好地为学生的就业创业和长远发展服务。

本教材由浙江商贸学校俞一夫主编，并负责第一、第二、第三、第四、第五章编写以及全书PPT的编制；浙江商贸学校王晟兆负责第六、第七章编写以及视频、课件的制作。徐专红、何昕、单淑琴和褚玉斐参加了本书第一版的编写并为之付出了辛勤的劳动，在此表示衷心感谢！

本教材在编写过程中，参阅了大量相关书籍资料，并引用了其中的一些观点和内容，在此向原作者深表谢意！

由于编者水平有限，书中难免存在疏漏和不妥之处，敬请读者批评指正。

编者

2021年1月

PREFACE　前言（第一版）

烹饪化学是研究烹饪原料及其制品的营养成分、风味成分和有毒有害成分的种类、性质及其在烹饪中的作用与影响，以及这些成分在烹饪过程中的化学变化规律的一门学科。它是食品化学在烹饪学科中的应用和发展。

作为一名现代烹饪工作者，掌握一定的烹饪化学基础知识，对正确理解烹饪工艺过程，正确运用烹饪化学原理指导烹饪实践，提高烹饪技艺、变革烹饪工艺、创新烹饪方法都具有重要的意义。

烹饪化学是中等职业教育烹饪类专业的一门重要的专业基础课，通过本课程的学习，为后续的原料学、工艺学等课程的学习打好基础。本教材从中等职业学校烹饪专业学生现有的知识和技能出发，以在学习、工作中“必需”和“够用”为原则，合理确定教材内容。在编写过程中力求简洁、通俗、新颖，贴近烹饪专业学生实际、贴近烹饪工作实际，强调基础性、应用性和发展性。相信通过本教材的使用和本课程的学习，将会对烹饪专业学生在当前的学校学习、日后的工作实践和长远的持续发展中产生积极的影响。

本教材由浙江省金华商业学校俞一夫（副教授）、徐专红（高级讲师）、何昕（高级讲师）和金华广播电视大学（浙江商贸学校）单淑琴（高级讲师）、褚玉斐（讲师）等编写，由俞一夫任主编，徐专红任副主编。

在本教材的编写过程中，参阅了大量相关书籍资料，并引用了其中的一些观点和内容，在此向原作者深表谢意！

由于编者水平有限，书中难免存在疏漏和不妥之处，敬请读者批评、指正。

编者

2012年2月

CONTENTS 目录

第1章

第2章

第4章　糖类

第5章 维生素与植物化学物

第6章 色、香、味成分

第7章 有毒有害成分

第 1 章 水与矿物质

◎ 学习目标

1　了解烹饪原料中水的种类与特点，懂得水分在烹饪原料中的分布规律

2　熟悉水分对食材新鲜度、对菜肴质感的影响，能正确理解烹饪用水的性质、特点，并会在以后的烹饪实践中加以应用

3　熟悉矿物质的分类、重要矿物质的性质以及对人体健康的影响，掌握烹饪对矿物质的影响

4　学会科学喝水、科学用盐、科学摄食钙和微量元素

第一节　水

各种烹饪原料和菜肴都含有水，只有含有一定量的水，才能显示出它们固有的色、香、味、形等性状；只有含有水，才能表现出其鲜度、嫩度、黏度和稠度等特征。水对食物的烹饪及烹饪成品的质量有着极为重要的影响。

一、烹饪原料中水分的种类及其存在方式

水在烹饪原料中的存在方式很复杂，可以简单地分为自由水和结合水两大类。

1. 自由水

自由水存在于烹饪原料的细胞间隙或毛细管中，具有天然水的性质（如0℃能结冰，100℃能沸腾等），能作为溶剂溶解矿物质盐类，能够被食品微生物所利用，受环境温度和湿度影响可自由出入而使食物水分发生增减变化。

烹饪原料中，多汁的新鲜蔬菜、水果和肉类，由于含有较多的自由水，经冷冻后细胞结构容易被冰晶所破坏，解冻时导致组织不同程度的崩溃，造成汁液流失而严重影响其质量和风味。

2. 结合水

结合水与烹饪原料中蛋白质、淀粉、膳食纤维等亲水成分通过一定的方式紧密结合，不具有天然水的性质（即使-40℃也不结冰），不起溶剂作用，不能被食品微生物所利用，即使加热也不容易从食物中蒸发（在100℃下不能从食物中挥发出去）。

事实上，自由水和结合水是烹饪原料中确实存在的两种极端状态水分，此外还存在着许多中间状态的水分。从结合水到自由水是逐渐过渡的，二者之间并没有明确的分界线。

二、常见烹饪原料的含水量及其对菜肴质感的影响

1. 常见烹饪原料的含水量

各种烹饪原料均含有水，但不同的烹饪原料之间含水量的差别很大，其中以油脂含水量最少，水分含量为0～0.2%；新鲜蔬菜、瓜果含水量较高，最高的可达95%。常见烹饪原料中的含水量见表1-1。

表1-1　常见烹饪原料的含水量

烹饪原料名称	水分含量/%	烹饪原料名称	水分含量/%	烹饪原料名称	水分含量/%
猪肉	53~60	乳类	87~89	面粉、大米	13~14
牛肉	50~70	奶油	15	干豆类	10~13
鸡肉	74	蔬菜	80~95	薯类	67~79
鱼类	65~81	水果	75~95	坚果仁	4~8
贝类	72~86	鲜食用菌	88~95	白糖	1
蛋类	73~75	植物油脂	0~0.2	蜂蜜	20~40

2. 水对菜肴质感的影响

菜肴的质感除了与原料本身的类别、组织结构和成分有关外，原料中的含水量是影响其质感的最重要因素之一。一般来说，同一种类的烹饪原料，如果所含水分丰富，则表现为比较鲜嫩。例如蔬菜，含水多时结构松脆、鲜嫩多汁，一旦部分失水，就会萎蔫、皱缩和失重，其食用价值就会大大降低；又如鲜肉，蛋白质呈胶凝状，有很高的持水力和弹性，所以比较柔软。

烹饪实践中，设法保持原料一定的含水量很重要，也大有学问。通常采用挂糊、上浆等方法来减少肉丝、肉片等原料中的水分在烹饪过程中的挥发，使菜肴鲜嫩柔软爽口。同时，根据不同原料的含水情况选择合适的烹饪技法同样很重要。例如，老龄动物肉含水少，结缔组织多，肌肉结构紧密，肉质硬实，宜用小火较长时间加热烹制，以使口感酥烂；年幼的禽畜肉含水多，则宜急火短时间加热，使原料内部的水分少蒸发，以达到鲜嫩的效果。用油炸的方法烹制食品时，要把握好油温和时间，使失水和熟化都恰到好处，这样就能得到外脆里嫩、既脆又嫩的好效果。

三、水的性质及其在烹饪中的应用

水的性质多种多样，与烹饪相关的性质主要有密度、沸点、导热性、比热容和溶解性质等。

1. 密度

水在4℃时的密度最大，为1.000g/cm^3，高于或低于4℃时密度均略有减少。对于一定质量的水来说，4℃时的体积最小，高于或低于4℃时体积均有所增大。当水结成冰时，体积可膨胀约9%。

因此，含水多的烹饪原料在进行冷冻时，组织细胞内的水因结冰引起体积膨胀，可导致细胞组织受冰晶挤压而破坏，从而在解冻时不能复原，导致汁液流失、组织溃烂、滋味改变等。实践中，蔬菜、水果等含水多的生鲜植物性烹饪原料在保存时采用冷藏而不进行冷冻，对于动物性烹饪原料在需要冷冻时也提倡速冻，因为速冻形成的冰晶颗粒细小，冻结时间缩短，可减少组织细胞被挤压破坏。

2. 沸点

在1atm（标准大气压）下，水的沸点为100℃。水的沸点随压力的增大而升高，随压力的减小而降低。根据这一性质，烹饪实践中，常利用高压锅获得较高的水蒸气温度（烹饪温度），以缩短烹制的时间或可以在较短的时间内使难以煮透的食物（如动物的筋、骨、皮等）快速熟透。反之，在海拔较高地区或高山上烧水、煮饭时，要注意因气压降低而使水沸点降低，从而使水蒸气温度降低而容易烧成“假沸水”、夹生饭等问题。

水的沸点还随溶入其中的电解质（如食盐等）浓度的增加而升高，达到饱和溶液后沸点不再增加。

3. 导热性

导热性是衡量物体传递热量的能力的一个物理性质。水和几种常见物质的热导率见表1-2。

表1-2 水和几种常见物质的热导率 单位：kJ/（m·h·℃）

物质名称	空气	水	钢	铁	木材
热导率	0.091	2.135	1256.040	209.340	0.419~1.675

水是一种黏度小、流动性大、渗透力强的液体，传热速度虽比钢、铁等金属慢得多，但比烹饪原料快，同时水的沸点相对较低，易蒸发形成水蒸气，是烹饪理想的传热介质。烹饪过程中水的导热，是对流和传导两种导热形式的综合作用，但以对流为主。水蒸气加热因水蒸气的渗透能力强，加之水蒸气的温度略高于水煮的温度，因而加热时间更短，成熟更快，并且用蒸的方法烹制菜肴风味物质和营养物质损失少，能较好地保持原有的汁、味和形状，因此许多菜肴的加工常用蒸的方法来完成。

煮、焯、烫、氽、涮都以水作为烹饪传热介质。用水作为传热介质，是各种烹饪熟制方法中温度最低的，因而制品成熟速度缓慢，需要时间较长。

4. 比热容

比热容是指单位质量的某种物质温度升高1℃所吸收的热量（或降低1℃所释放的热量）。水的比热容很大，具有很强的吸热能力，水温不容易随气温变化而变化，具有一定的保温作用。

5. 溶剂性质

水是一种强极性溶剂，不仅能溶解食盐、白糖、味精和多种矿物质盐类，也能溶解烹饪原料中的多种风味物质和营养物质。

（1）溶解作用　利用水的溶解性能，可通过浸泡、焯水等方法去除烹饪原料中的某些苦涩味物质和有害物质，如竹笋中的草酸、鲜黄花菜中的秋水仙碱、动物内脏中的腥臊味物质等，均可利用水的溶剂性质予以去除。

煲汤、炖汤过程也是一个烹饪原料中的风味物质和营养物质溶解于水的过程。通过水分的渗透、扩散运动，使原料中的各种养分逐渐析出。

必需指出，烹饪实践中要尽量避免因水的溶解性而带来的一些不良影响，如用水清洗蔬菜时要注意先洗后切，以防水溶性维生素的流失；要冷水洗肉，温水洗菜，以保住营养、去除农药残留，因为温水比凉水更容易去除农药残留，并且随着水温的升高农药分解速度也加快，但温水特别是热水洗肉，不仅会使肉中的一些水溶性物质流失，使肉的口感大受影响，而且容易变质腐败；切好的肉丝、现成的肉馅等则更不宜水洗和焯水。

（2）介质作用　利用水的强溶解能力，可以将原料中的水溶性鲜味物质溶于水中，这就是烹饪中的吊汤，此时的水是一种调味介质。

烹饪过程中，烧、炖、煮、熘、滑、扒等方法都是在水中进行的，其间，食物中的成分不断地进行着各种反应、变化，此时的水充当的是反应介质甚至是反应物的角色。

水在烹饪中的应用还包括清洗作用和浸涨作用等。清洗作用是用水清除瓜果蔬菜等，各种烹饪原料中的泥沙等杂质和污物，如用来淘洗大米中的糠粉，用来清洗餐具和炊具等。浸涨作用简单说就是利用水将干货涨发，其实质是干货中的淀粉、蛋白质、果胶等干高分子凝胶通过在水中浸泡而吸水，被吸收的水分储存于凝胶结构中，使其体积膨大。涨发后的烹饪原料，如海参、木耳、菌菇等，易于烹调加工和消化利用，但也容易受微生物的感染而容易腐败变质，故干货宜随发随用。

四、烹饪用水

烹饪用水主要是用自来水，根据烹饪时所处的地点或烹饪特殊需要也会用天然水、纯净水。

自来水是经过自来水处理厂净化、消毒后生产出来的符合国家《生活饮用水卫生标准》规定的供人们生活、生产使用的水。含微量矿物质，pH在6.5 ~ 8.5（会因当地的水质不同而不同）。

天然水包含天然矿泉水，天然泉水，天然地表水，天然山泉水、地下水，矿物质含量较多，通常呈弱碱性到碱性，多数属于硬水（指含有较多可溶性钙镁化合物的水）。

纯净水是将天然水经过多道工序的提纯和净化，除去了对人体有害（包括细菌）和有益（包括绝大多数矿物质）物质的水，呈中性，可以直接饮用。蒸馏水也属于纯净水。

水的pH与硬软度，与烹饪有一定的关系。碱性水，容易导致紫甘蓝、红菜薹等蔬菜的颜色从紫红色变成蓝色而影响菜品外观。碱性条件下，味精鲜度大大下降甚至失去鲜味；用碱性水烧饭做菜更容易导致某些维生素的损失。硬水在加热煮沸后会生成不溶性盐而导致加热器具和锅炉结垢；用硬水烹煮豆类和肉类因不易煮熟煮烂而影响食用；用硬水泡茶会改变茶的色香味；用硬水做豆腐会降低豆腐产量。但硬水中的钙盐可以有效增加腌菜、酱菜制品的脆度。

五、水分活度与烹饪原料的安全储存

烹饪原料在潮湿时容易腐败变质，而在干燥状态时则不容易变质，这说明烹饪原料的腐败与其含水量有一定的关系。但有些烹饪原料含水量基本相同，但耐藏性却不同，如鲜肉与咸肉、鲜菜与咸菜，两者水分相差不大，但耐藏性却大不相同。有时甚至是含水量高的烹饪原料比含水量低的原料更耐藏。这些都说明，用含水量来判断烹饪原料耐藏性是不可靠的，因此有必要引入水分活度的概念。

1. 水分活度的概念

水分活度，用A_w表示，是指在一定条件下，在一密闭容器中，烹饪原料的饱和水蒸气分压（p）与同温度下纯水饱和蒸汽压（p_0）的比值，水分活度在数值上等于平衡相对湿度（ERH）除以100。即：

$$A_w = \frac{p}{p_0} = \frac{\mathrm{ERH}}{100}$$

根据以上概念可以知道，如果将某烹饪原料置于一个密闭的容器内一定时间，达到水的蒸发速率与吸附速率相平衡状态时，测定容器内的相对湿度，如果测得值为85%，则说明该原料的水分活度为0.85。

对于纯水来说，$p = p_0$，因此$A_w = 1$。而对于各类烹饪原料，其p值总是小于p_0，所以A_w总是小于1。原因是烹饪原料中的水，并非纯粹的水，其中还含有糖类、无机盐等多种可溶性物质。

水分活度所表示的是烹饪原料中的水可以被微生物、酶利用的程度，即水分活度可以反映出烹饪原料的耐藏性。一般说来，水分活度越高，表明自由水的含量越高，烹饪原料也就越容易腐败变质。水分活度对评估烹饪原料的耐藏性具有重要的意义。

2. 水分活度与烹饪原料耐藏性的关系

各类烹饪原料的腐败变质与食品微生物的生长繁殖密切相关，而各类食品微生物的生长繁殖也需要在一定的水分活度范围内才能进行。

不同种类的食品微生物在生长繁殖时，对水分活度的要求不同。一般情况下，细菌对低水分活度最敏感，酵母菌次之，霉菌的敏感性最差。通常水分活度低于0.9时，细菌不能生长繁殖；水分活度低于0.87时，大多数酵母菌的生命活动受到抑制；当水分活度低于0.8时，大多数霉菌不能生长；除一些耐渗透压微生物外，当水分活度低于0.6时，其他任何微生物都不能生长、繁殖。

要使烹饪原料具有良好的储存稳定性，最好的办法就是通过控制水分来降低水分活度。对那些季节性强、不宜久放的烹饪原料，可以采用干燥、浓缩等手段来降低其水分活度。干燥的方法有日晒、烘干、冷冻干燥、烟熏等；浓缩是通过盐、糖等物质的渗透、脱水作用来降低烹饪原料的水分活度，经典的方法有盐腌法、糖渍法等。

六、水与人体健康

水是人体需要量最大、最重要的营养素，占体重的50%～60%，人体新陈代谢的一切生物化学反应都必须在水的介质中进行。人断食可生存数周，但若断水，只能生存数日。水对人体的功能归纳为以下几个方面：

（1）水是构成细胞和体液的重要组成部分。

（2）水是体内各种生理活动和生化反应必不可少的介质，没有水一切代谢活动便无法进行，生命也就停止了。

（3）水是体内吸收、运输营养物质及排泄代谢废物的最重要的载体。

（4）水可以调节体温。水的比热容大，能吸收较多的热量，通过蒸发或出汗调节体温，避免体温过高。

（5）水能润滑组织，如水可滋润皮肤，润滑关节。

人对水的需要量与体重、年龄、气温、劳动及其持续时间有关，正常人每日每千克体重需水量约为40mL，2岁以下的婴儿，每日每千克体重需水量为100～150mL，为成人的3～4倍。夏季高温、劳动强度大都会增大需水量。

人体水的来源包括饮用水、食物中的水和内生水（指体内的糖类、脂肪和蛋白质代谢产生的水）三部分。正常情况下，成人每天从食物中摄入的水约1000mL，内生水约300mL，因此，通常每人每天还需饮水约1200mL。最好、最经济、最安全的饮用水是新煮沸并经冷却至30℃左右的白开水。

必须指出，烹饪中产生的老化水、千滚水、蒸锅水等，其中的亚硝酸盐含量可能会比较高，对人体有潜在的危害，不可饮用。

当人体处于生理异常特别是病理状态时，可使水分在体内淤积或脱水。食物中蛋白质不足或肾炎患者在尿中排出大量蛋白质，造成血浆蛋白质减少，渗透压降低，减弱了水向血液内转移的趋势，于是水在机体组织中产生淤积而水肿。相反，大量出汗、剧烈呕吐或腹泻会造成体内脱水。脱水过程中，体内大量盐类也随之排出，此时若单纯补给淡水，体液将更加稀释，而机体为了保持一定的渗透压，又必然增加水的排泄。水排出越多，机体失盐越多，形成恶性循环而使脱水更加严重。当全身脱水达体重的20%时就有生命危险。

长期超量饮水也能刺激体内代谢强化，加速蛋白质分解，甚至造成氮的负平衡。若进入体内的水多到超过了肾脏的排出能力，则会导致水肿或腹水，并产生头痛、恶心与全身无力等水中毒症状。

知识拓展

水和冰

水分子由两个氢原子和一个氧原子组成。两个氢原子和一个氧原子并不在一条直线上，而是形成一个104.5°的夹角，是典型的极性分子。对许多溶质来说，水是一种很好的溶剂。

液态水中，水分子并不是单个存在，而是通过氢键缔合，形成$(H_2O)_n$水分子团。这个水分子团处于动态平衡状态，其稳定时间为10^{-11}s。水分子团的大小，主要取决于温度，室温下，水分子个数为30～40个，温度升高，水分子团变小。

纯水的冰点是0℃，但因烹饪原料中的水含有可溶性成分，会使冻结点降低至−2.6～−1.0℃。并且随着冻结量的增加，冰结点还会持续下降，直至低共晶点（−65℃～55℃）。所以，当冰柜冷冻温度为−18℃时，烹饪原料中的水并未完全被冻结，只是大部分被冻结而已。

第二节　矿物质

一、矿物质的概念、分类及功能

（一）概念

矿物质是指除碳、氢、氧、氮以外的其他元素的总称。碳、氢、氧、氮四种元素主要组成蛋白质、脂肪和碳水化合物等有机物。矿物质大部分以无机化合物形式存在于人体内，又称无机盐。由于矿物质总量的检测通常采用高温灼烧、灰化的方法进行，因此矿物质还可称为灰分。

知识链接

人类和自然界的所有物质一样，都是由化学元素组成的，人体组织几乎含有自然界存在的所有元素。在地壳表层的92种元素中，可在人体组织中找到81种，并且，这些元素（除极个别元素外）在人体组织中的含量比例与地壳基本相似。

矿物质在人体内不能合成，也不会在人体代谢过程中消失（除排泄），可以循环利用。每种矿物质发挥其生理功能都有一定的适宜剂量范围，小于这一范围可能出现缺乏症状，大于这一范围则可能引起中毒。在我国人群中容易缺乏的有钙、铁、锌，一些特殊地理环境中可能缺乏碘、硒。

（二）矿物质的种类

根据矿物质在人体内的含量，可以将矿物质分为常量元素和微量元素两大类。

1. 常量元素

常见元素是指在人体中含量大于体重的0.01%的矿物质元素，包括钙、镁、钾、钠、磷、硫、氯7种，它们都是人体必需的元素。

2. 微量元素

微量元素是指在人体中存在数量极少，含量小于体重的0.01%的元素。这些微量元素一般在低浓度下就具有生物学作用。目前认为必需的微量元素有9种，它们是铁、碘、锌、硒、铜、铬、锰、钼、钴；可能必需的微量元素有4种，它们是硼、镍、硅、矾；具有潜在毒性，但在低剂量时可能具有人体必需功能的微量元素有8种，它们是氟、铅、镉、汞、砷、铝、锂、锡。

（三）矿物质的生理功能

1. 构成人体组织的成分

如钙、磷、镁构成骨骼和牙齿。蛋白质中含有硫、磷等。

2. 参与调节体内细胞间的渗透压和酸碱平衡

如钠、钾、镁为碱性，磷、氯、硫为酸性。高盐膳食与高血压成正相关。

3. 保持神经和肌肉的适度兴奋

血液中钙缺乏时，神经和肌肉就会过度兴奋，造成脾气焦躁，还会发生肌肉痉挛（俗称抽筋）。

4. 是构成机体某些功能物质的重要成分

参与体内的生物化学反应，对机体具有特殊的生理作用。

二、矿物质在烹饪原料中的存在形式

矿物质在烹饪原料中的存在方式比较复杂，一部分以可溶性无机盐形式存在，一部分以与有机化合物结合的形式存在（其中，金属离子多以螯合物形式存在，形成磷酸螯合物、草酸螯合物、聚磷酸螯合物等）。

例如：肉类中的矿物质，一部分以氯化物、磷酸盐、碳酸盐呈可溶性状态存在，另一部分（硫、磷等）则以与蛋白质结合成非溶性状态而存在；乳品中的钾、钠大部分以氯化物、磷酸盐、柠檬酸盐形式存在，而钙、镁则与酪蛋白、磷酸和柠檬酸结合，一部分呈胶体状态，一部分呈溶解状态；植物性烹饪原料中的矿物质则少部分以无机盐形式存在外，大部分都与植物中的有机化合物相结合而存在，或者本身就是有机化合物的组成成分，如谷物中的植酸盐、蔬菜中的草酸盐等。

三、矿物质与食物的酸碱性

食物的酸碱性不是凭味觉来感知和判断的。

食物的酸碱性由食物经人体消化、吸收、代谢后的产物的酸碱性所决定，而代谢产物的酸碱性取决于食物中非金属元素与金属元素的相对含量。

1. 酸性食物

一般来说，含硫、磷、氯等非金属元素相对较多的食物，称为酸性食物。例如：肉禽类、蛋类、鱼类、粮食、花生和啤酒等。这些食品中的硫、磷含量高，在人体内代谢后形成酸性物质。

2. 碱性食物

含钾、钙、镁等金属元素相对较多的食物，称为碱性食物。大部分蔬菜、水果、豆类都属于碱性食物。特别是海带、菠菜、红薯等，是强碱性食物。这些食物在人体内代谢后形成碱性物质。

表1-3所示为常见烹饪原料灰分的酸碱度，它是100g样品的灰分溶于水后，用0.1mol/L的酸液或碱液中和时所消耗的酸液或碱液的毫升数。

表1-3 常见烹饪原料灰分的酸碱度

碱性食物		酸性食物	
原料名称	灰分的碱度	原料名称	灰分的酸度
海带	14.60	蛋黄	18.80
菠菜	12.0	精米	11.67
西瓜	9.40	牡蛎	10.40
萝卜	9.28	鸡肉	7.60
胡萝卜	8.32	鳗鱼	6.60
苹果	8.20	面粉	6.50
莴苣	6.33	鲤鱼	6.40
南瓜	5.80	猪肉	5.60
土豆、四季豆	5.20	牛肉	5.00
黄瓜	4.60	啤酒	4.80
藕	3.40	干鱿鱼	4.80
洋葱	2.40	花生	3.00
大豆、豆腐	2.20	虾	1.80
牛奶	0.32	芦笋	0.20

必须指出，食物的酸碱性不会改变人体的酸碱性，健康人的身体具有强大的酸碱平衡能力。

四、烹饪对矿物质的影响

在烹调加工过程中，矿物质的变化通常是矿物质的丢失或矿物质与其他物质形成人体难以吸收的不溶性物质而损失。矿物质的丢失，以水溶性的无机盐为多，而水溶性无机盐正是容易被人体吸收的无机盐。

在洗涤或水煮烹饪原料时，矿物质的无机盐溶于水中或汤汁中。如洗涤时，水对原料作用持续时间越长，水量越大，水流速度越快，原料的刀切形状越细，原料与空气接触面越大，矿物质无机盐的损失也就越大。表1-4所示为菠菜焯水处理对矿物质的影响。

表1-4　菠菜焯水处理对矿物质的影响

矿物质	含量/g/100g		损失率/%	矿物质	含量/g/100g		损失率/%
	焯水前	焯水后			焯水前	焯水后	
K	6.9	3.0	56	Na	0.5	0.3	43
Ca	2.2	2.3	0	P	0.6	0.4	36
Mg	0.3	0.2	36				

动物性原料在受热时收缩，内部水分流出来，肉中的无机盐大部分以粒子状态溶解于水中，随着肉的水分一起溢出。如炖鸡汤、肉汤、骨头汤时，其中部分可溶性无机盐溶解于汤中。

有实验结果表明，涨发海带时，若用冷水浸泡、清洗3遍，就约有90%的碘被溶出；用热水清洗一遍，就约有95%的碘析出。所以，在涨发海带时，水不要过量，浸泡时间不宜太长。

烹饪原料中的一些有机酸，如草酸、植酸等，能与一些金属离子如锌、钙、铁、镁等结合，形成难溶性化合物，从而影响人体对这些矿物质的吸收。而通过焯水、发酵等措施，可部分消除这些不利影响而提高矿物质的生物利用率。

在烹饪过程中，矿物质的含量有时也有增加的可能，这与烹饪过程中所用的水、炊具等有关。烹饪用的水中通常含有一些钙、镁等矿物质，烹饪过程中，在加入水的同时也引入了这些矿物质；用铁锅炒菜，随着铁铲与铁锅的接触擦蹭，菜肴中铁含量就显著增加了，所增加的铁含量往往是一个人一天所需铁量的几十倍。但是增加的这些铁，很难被人体吸收利用。

知识拓展

常用烹调器具的特点

烹调器具会对烹调制品的矿物质含量产生一定的影响。

不锈钢炊具：美观轻巧、卫生安全，是一种普遍使用的大众化炊具。一般条件下，铁、铬、镍的溶出量极少，不会影响食物的质量。

铁锅：最普遍的传统炊具。烹饪过程中可因锅与铲的摩擦等影响而使食物中的铁含量增加，对人体健康有益，但这种铁的吸收率极低。铁锅容易生锈，因而铁锅不能久储食物，不然不仅会使食物产生铁锈气味，还有可能因此带毒。铁锅不能用来烧煮含多酚物质较多的食物，不然会使食物变色。

铝锅：轻巧、价格低廉，在酸性条件下使用铝溶出量会增加，并且也会随着烧煮时间的延长而增加。最好选耐酸铝锅或在中性条件下使用。

铜锅：铜易长铜锈，铜锈中含有毒物质，并且铜会加速食物劣变速度，因而铜锅已经淘汰，但有时仍会作为火锅使用。

搪瓷锅：釉料中含铅、镉、锑等多种有毒有害元素，劣质制品问题更严重，烹制或久储食物时容易溶出，不宜用作炊具，常用来短时盛放食物。

砂锅：以黏土为主要原料，经过高温烧制而成。砂锅大都经涂釉料烧结，釉料中常含铅、砷等有害物质，会因反复加热而溶解析出。

五、烹饪原料中重要的矿物质及其与人体健康的关系

1. 钙

钙是人体必需的常量元素，也是人体内含量最多的一种常量元素。

（1）钙的来源　奶和豆制品是钙的最好来源（每100mL鲜牛乳约含钙100mg），钙含量最为丰富且吸收率也高。小虾皮中含钙特高，芝麻酱、大豆及其制品也是钙的良好来源。深绿色蔬菜如小萝卜缨、油菜、芹菜叶、雪里蕻等含钙量也较多。

（2）钙与人体健康　钙是构成机体的骨骼和牙齿的主要成分。钙与镁、钾、钠等离子在血液中的浓度保持一定比例才能维持神经、肌肉的正常兴奋性，维持心脏和肌肉的收缩与弛缓、维持细胞膜通透性、维持体内酸碱平衡。钙离子是血液保持一定凝固性的必要因子之一，也是体内许多重要酶的激活剂，参与激素分泌过程。

缺钙为人体带来诸多危害，导致人体出现一系列症状，特别是神经肌肉的兴奋性升高，人体长期缺钙会导致骨骼、牙齿发育不良，血凝不正常、甲状腺功能减退。

儿童若缺钙，轻者表现为夜惊、无缘哭闹、烦躁、多汗、枕秃等；重者表现为佝偻病，其主要表现是骨骼钙化不全，硬度较差，出现鸡胸、漏斗胸，以及X形腿或O形腿。

成人若缺钙则表现为骨质疏松、肌肉痉挛、四肢麻木、腰腿酸痛、高血压、冠心病等症。

知识链接

如何提高食物中的钙吸收率

钙在食物中并不缺乏，关键在于吸收率低下。烹饪过程中可采取以下措施来提高人体对钙的吸收率：

（1）含草酸多的蔬菜，焯水后烹制；

（2）发酵可使粮谷类烹饪原料中的植酸水解，增加可利用的钙含量；

（3）荤素搭配、粮豆混食，保证钙、磷的合理比例，提高钙的吸收率。

2. 磷

磷也是人体含量较多的元素之一，存在于人体所有细胞中。

磷在各类烹饪原料中分布很广，动植物食物中都含磷，磷与蛋白质并存，瘦肉、蛋、乳、动物肝、肾中磷含量丰富，海带、紫菜、芝麻酱、花生、干豆、坚果、粗粮含磷也多，但粮谷中的磷因为以植酸形式存在而吸收较低。

磷的主要生理功能：构成骨骼和牙齿，组成生命的重要物质（磷是组成核酸、磷蛋白、磷脂、苷酸、许多酶的成分），参与能量代谢，参与糖类、脂肪和蛋白质代谢，参与酸碱平衡调节。

食物含磷丰富，很少引起缺乏。

3. 钾

大部分食物都含有钾，蔬菜和水果是钾的最好来源。

钾参与糖类、蛋白质的代谢，维持细胞内正常渗透压，维持神经肌肉的应激性和正常功能，维持心肌的正常功能，维持细胞内外正常的酸碱平衡和电离平衡。

钾缺乏时可引起肌肉、心血管、泌尿等系统发生病变。主要表现为肌肉无力瘫痪、心律失常及肾功能障碍等。正常人一般不会发生，但疾病、高温作业等因素会引起钾流失。

4. 钠

钠广泛存在于人体细胞中，对人体具有重要的生理功能。食盐是人体获得钠的主要来源，调味品（如酱油、味精）、盐渍或腌制食品（如酱菜、腌肉）、加工食品（香肠、火腿、薯片）等富含“隐性盐”，也含有较多的钠。

钠的生理功能与钾相似。人体一般不会缺钠，但钠摄入过多则会出现水肿、血压上升、血浆胆固醇升高等症。中国营养学会建议钠的每日适宜摄入量，成人为2200mg，按1g食盐含400mg钠计算，相当于成人每日摄入的食盐量为6g。儿童和老年人的摄入量应适当减少。其实，从人体生理需要的角度看，每人每日需要的钠量仅为1500mg（相当于食盐4g）。所以少吃些盐对人体不会引起什么损害。

探究

食盐与高血压

2012年中国居民营养与健康状况监测结果显示，全国每人日平均食盐摄入量为10.5g，其中农村（10.7g），城市（10.3g），明显高于中国营养学会建议的6g摄入量标准。进一步分析显示，我国仅35%的成年居民食盐摄入量低于6g/d，65%成年居民都超出了建议摄入量，甚至有34%的成年居民食盐摄入量超过了10g/d。《中国居民营养与慢性病状况报告（2015）》指出，2012年全国18岁以上成人高血压患病率高达25.2%，表明高盐摄入是高血压发生的重要危险因素。

为什么高盐摄入会引起血压升高呢？简单地说，盐摄入多了，血管中的水分就会增加，使血管壁受到的压力增强，最终导致了血压的升高。这其中一个很重要的因素是人体对盐的敏感性。研究结果表明，盐敏感者有一个明显特点，即摄取了较多盐以后血压会升高，摄取的盐量越大，血压就越高。在我国的人群中盐敏感性的人所占的比例很高，在高血压的人群中大约有50%的人存在这种盐敏感，血压正常的人中也有约25%的人有盐敏感。

知识拓展

烹饪时怎样减少食盐的用量

（1）利用蔬菜本身的强烈风味提鲜　食物提鲜不只靠咸味，一些具有特殊气味的蔬菜如番茄、洋葱、香菜、香菇等也可用来调味，如香菜、香菇可在熬汤时加入，洋葱可作为凉菜很好的辅料。

（2）以酸代咸　醋是调节口味最常用的调味料，烹饪中灵活运用糖醋风味菜或用醋拌凉菜，既能弥补咸味的不足，还可促进食欲。

（3）使用葱、姜、蒜、辣椒、芥末等多种调料组合调味　如芥末粉中加入醋、糖，和水调成糊状，呈淡黄色咸香味，可以拌食各类荤菜和素菜。

（4）推迟放盐的时间　待炒菜出锅时再放盐，这样盐分不会渗入菜中，吃起来咸味不减；凉拌菜在食用前再拌盐，口感更脆爽。

（5）选择合适的烹饪方法　鲜鱼类可采用清蒸，可以减少放盐的量。

5. 镁

绿叶蔬菜富含镁，是镁的重要来源之一。粗粮、坚果含镁也多。

镁有“心血管卫士”之称，人体缺镁可导致心动过速、心律不齐及心肌坏死和钙化。镁是多种酶的激活剂，参与能量和物质代谢；镁可以维护骨骼生长，调节神经、肌肉的兴奋性；镁还可以防止肾结石、胆结石的产生。

6. 铁

铁是人体营养极为重要的必需微量元素，也是一种在人体内含量最多的必需微量元素，成人体内含铁4 ~ 5g。铁在人体内部与蛋白质结合，无游离状态。

铁有两种存在形式，一种是血红素铁，存在于动物的血液、肌肉和内脏中，直接可被吸收；另一种是非血红素铁，主要存在于植物性原料中，需要在胃酸作用下还原成亚铁离子才能被吸收。但不论存在哪类形式的铁，人体的吸收率均很低，即使是血红素铁，吸收率也仅20%左右。

（1）铁的来源　铁广泛存在于各种烹饪原料中，由于动物性烹饪原料中铁含量高并且吸收比较好，所以膳食中铁的良好来源主要为动物肝脏、动物全血、畜禽肉类、鱼类、蛋黄等含铁丰富的食物。深绿叶蔬菜所含铁虽不是血红素铁，但因摄入量多，所以仍是我国人民膳食铁的重要来源。

（2）铁与人体健康　铁参与形成血红蛋白、肌红蛋白、细胞色素酶及一些呼吸酶（过氧化氢酶），负责人体内氧气和二氧化碳的输送；铁与红细胞形成和成熟有关，维护造血功能，铁缺乏时不能合成足够的血红蛋白，造成缺铁性贫血；铁与免疫功能有关，许多有杀菌作用的酶成分、作用因子、吞噬功能等均与铁水平有关。

铁是微量元素中最容易缺乏的一种，铁缺乏和缺铁性贫血是我国普遍存在的营养问题。

缺铁时表现为乏力、面色苍白、头晕、心悸、指甲脆薄、食欲不振、肝脾肿大等，还可引起抵抗感染的能力降低、神经功能和心理行为障碍。儿童则易于烦躁、智能发育差、记忆力差、注意力不集中。

膳食中若铁不够，应补充铁剂，如硫酸亚铁、葡萄糖酸亚铁等，以防缺铁性贫血。

知识链接

铁强化酱油

中国居民营养与健康现状调查显示，中国居民贫血率平均为20.1%。有专家称，中国缺铁的实际人群或为平均贫血率的两倍，即40%左右。为改善中国居民的缺铁状况，中国疾控中心于2004年起在北京、贵州、河北和广东等9省市启动铁强化酱油项目，2010年10月又启动了该项目二期，将进一步扩大“铁强化酱油”的布货渠道，让更多的城市和农村，能够买到铁强化酱油。

用于酱油铁强化的物质称为EDTA钠铁，它是中国和国际认可的铁强化剂。它在人体内的吸收、利用率高于其他铁剂，是传统补铁剂硫酸亚铁的2～3倍。而且它在酱油中的溶解性较好，不会影响食品的口感，不改变酱油的原有口味。并且，EDTA钠铁在食品加工和储存过程中性质稳定。

应用铁强化酱油补铁效果显著。研究表明，14～17岁的贫血青少年每天食用铁强化酱油，3个月后98%的人贫血状况得到改善。

专家指出，铁强化酱油一般不会引发补铁过量的问题，消费者可以放心食用。

7. 碘

烹饪原料中，含碘较高的主要有海带、紫菜、海鱼、海虾等海产品。

人体含碘极低，有20～50mg，其中70%～80%集中在甲状腺内。

人体碘缺乏会导致甲状腺素分泌不足，而甲状腺素是一种重要的激素，在促进生长和调节新陈代谢方面有重要作用。甲状腺素不足，会促使甲状腺增生肥大，即出现甲状腺肿大。

孕妇、乳母缺碘会导致胎儿和婴幼儿全身严重发育不良，身体矮小，智力低下，听力、语言及运动障碍，称为呆小病或“克汀病”。因此，从脑发育离不开碘这个角度上说，碘是“智力元素”。

世界上不少地区存在碘缺乏问题，我国也不例外。全世界约有10亿人生活在低碘地区，其中40%在中国。缺碘人群的平均智商约低13.6个百分点。女性比男性更容易受到缺碘的影响。幼儿和青春期少年儿童生长发育较快，体内需要的碘也就多。

用碘化钾或碘酸钾强化食盐是一种预防碘缺乏的有效措施。

8. 锌

锌的来源，以动物肝脏、牡蛎、红色肉类和鱼中为多，如每千克牡蛎含锌量高达93.9g。虾、坚果类、谷类胚芽等也含量较丰富，但谷物中的锌因植酸的影响，限制了它的利用，谷物碾磨后含锌量也明显减少。

锌被誉为“生命火花”，存在于人体所有组织中，具有多种生理功能和营养作用。锌是人体很多金属酶的组成成分，同时也是酶的激活剂，在组织呼吸和物质代谢中起重要作用；锌与DNA、RNA以及蛋白的生物合成密切相关，可促进人体的生长发育，并能加速创伤组织的愈合；锌不但影响味觉和食欲，还与性机能有关；锌与人的免疫功能、与心血管疾病和肿瘤也有一定关系。

缺锌的儿童，表现为生长缓慢或停滞，脑垂体调节机能障碍，皮肤伤口愈合不良，面色苍白，皮肤粗糙，脱发，味觉障碍，食欲不振，嗜睡等症状；男性性成熟延迟，肝脾肿，贫血等。

9. 硒

肝、肾、肉类和海产品及大豆等烹饪原料都是硒的良好来源。谷物的硒含量决定于当地水土中的硒含量，例如，我国高硒地区所产粮食的硒含量高达4 ~ 8mg/kg，而低硒地区的粮食是0.006mg/kg，二者相差1000倍。

硒被科学家称为微量元素中的“抗癌之王”。硒具有多种生理功能：能延缓衰老，预防糖尿病；能与铅、镉、汞等重金属结合形成复合物并排出体外，起解毒、排毒甚至防癌作用；能增强免疫力；可预防心血管疾病的发生等。

缺硒可导致“克山病”，这是一种以多发性灶状心肌坏死为主要病变的地方性心肌病。缺硒还可导致早衰、白内障、大骨节病、心血管病等病症。

硒有一定毒性，不可过量摄取。

10. 铬

铬的较好来源是肉类、海产品（牡蛎、海参、鱿鱼、鳗鱼等）、乳酪、全谷、啤酒、啤酒酵母、蘑菇、黑胡椒，啤酒酵母中的铬以具有生物活性的糖耐量因子形式存在，因此吸收率较高，蔬菜中铬的利用低。

具有生理功能的铬是三价铬，而六价铬有毒。三价铬是体内葡萄糖耐量因子的重要组成成分，能增强胰岛素的作用，促进葡萄糖的利用及使葡萄糖转化为脂肪；具有提高高密度脂蛋白及降低血清胆固醇的作用，可预防动脉粥样硬化。铬还能促进蛋白质代谢，铬对免疫能力的提高、抑制肥胖、提高应激性都有作用。

巩固提高练习

一、自测或练习

1．烹饪原料中的水分主要有哪两种？大米、面粉和干鲍、干菇等烹饪原料中还有水吗？它是怎么存在的？

2．水分对菜肴质感有什么影响？

3．水的主要性质有哪些？水的酸碱度、软硬度对烹饪有影响吗？

4．晒干的香菇、木耳，盐腌的咸肉、火腿，为什么都比新鲜时耐储藏？

5．经过冷冻的肉类等烹饪原料，为什么没有未经冷冻的原料好吃？

6．用高压锅炖煮食物为什么更快熟、更容易软烂？

7．什么是矿物质？烹饪原料中的矿物质按在人体内的含量可以分为哪几类？

8．钙对人体健康有怎样的重要性？哪些食物中含钙较高？

9．钠的过量摄入与高血压发病相关，烹饪中如何才能做到既不影响菜肴口味，又能减少食盐的用量呢？

10．铁、碘、锌、硒是人体容易缺乏的微量元素，要补充这些元素分别可多吃哪些食物？

二、实践与探究

1．市场调查

通过对菜市场或超市实地调查等方式，将以下两组常用的烹饪原料按水分从大到小排列顺序，并初步分析原因：

（1）豆浆、南豆腐、北豆腐、内酯豆腐、豆腐干、豆腐脑；

（2）猪肉、牛奶、鸡蛋、大白菜、小麦粉、菜籽油、芝麻、白糖。

2．生活观察

新鲜叶菜与隔天叶菜、蔬菜存放时洒水与不洒水，在外观形态等方面的差别。

3．真相探究

（1）高压锅内水的沸点大约是多少摄氏度？为什么在高山上煮的米饭不好吃？

（2）超市里的饮用水五花八门，到底什么水才是最好的水？

4．小组讨论

话题一：水，算不算是一种营养素？

话题二：碘盐，到底该不该吃？

5．参观见习

有条件时，参观食品或农产品检验检测机构，了解食品、农产品水分、矿物质（灰分）检验检测方法。

第2章 脂类

◎ 学习目标

1 熟悉常见烹饪原料中的脂肪含量、脂肪酸的种类及特点

2 了解必需脂肪酸以及对人体的功能和反式脂肪酸以及对人体的危害

3 懂得油脂的理化性质，理解油脂在烹饪过程中的变化规律，并会在以后的烹饪实践中加以应用

4 能理解磷脂在奶汤制作中的作用，懂得植物固醇、胆固醇对人体的作用

5 能识别常用烹饪用油的种类，会根据烹饪需要正确选油、科学用油、合理存油

脂类也称脂质，包括脂肪、类脂和脂肪伴随物三部分。脂肪又称真脂，学名三酰甘油；类脂是指理化性质与脂肪相似，但化学结构并不相同的类似脂肪的物质（如磷脂、游离脂肪酸、胆固醇、植物固醇和蜡等）；脂肪伴随物是指溶解性质类似于脂肪，但理化性质并不相似的存于脂肪中的一类物质（如脂溶性色素、脂溶性维生素等）。

脂肪是由1分子甘油和3分子脂肪酸结合而成的甘油三酯，又分为油和脂两类，通常认为，常温下呈液态的为油，呈固态的为脂。烹饪实践中，其实并没有这样的区别，而是通称为油脂。

$$\begin{array}{lclcll} CH_2OH & & HOOCR_1 & & CH_2OOCR_1 & \\ | & & | & & | & \\ CHOH & + & HOOCR_2 & \rightarrow & CHOOCR_2 & + \ 3H_2O \\ | & & | & & | & \\ CH_2OH & & HOOCR_3 & & CH_2OOCR_3 & \end{array}$$

上面化学式中，R_1、R_2、R_3表示烃基。若三个烃基相同，称为单纯甘油酯，否则称为混合甘油酯。天然脂肪中，单纯甘油酯很少，多数为混合甘油酯。

在脂肪的构成成分中，甘油是固定成分，脂肪酸因种类繁多，存在着多种变化。因而，脂肪酸的种类、含量和比例的变化，决定了某种脂肪的性质、营养价值及其品质。

不同来源的烹饪原料中的脂肪含量差别很大，主要烹饪原料中的脂肪含量见表2-1。

表2-1 常见烹饪原料中的脂肪含量 单位：g/100g

原料名称	脂肪含量	原料名称	脂肪含量
猪肉	37.4	芝麻	39.6
牛肉	13.4	葵花籽仁	53.4
羊肉	14.1	松子仁	70.6
鸡肉	9.4	大豆（黄豆）	16.0
鸡蛋	10.0	花生仁	44.3
蔬菜	0.1~0.5	核桃仁	58.8
水果	0.1~0.5	米、面	0.8~1.5

第一节　脂肪酸

一、脂肪酸的分类

脂肪酸种类繁多，按化学结构和性质的不同，可以将脂肪酸分为饱和脂肪酸和不饱和脂肪酸两大类。

1. 饱和脂肪酸

饱和脂肪酸的特点是碳链上不含双键。如硬脂酸（十八烷酸）、棕榈酸（十六烷酸，软脂酸）、花生酸（二十烷酸）等。

含饱和脂肪酸较多的油脂主要有猪油、牛油、羊油、奶油、植物奶油、棕榈油、椰子油等，这类油脂常温下呈固态，性质稳定，即使在高温下也不容易变质。研究表明，饱和脂肪酸可明显升高血清胆固醇水平，从而可造成动脉粥样硬化。

2. 不饱和脂肪酸

不饱和脂肪酸是指分子中含有双键的脂肪酸。

不饱和脂肪酸中，由于双键的存在可出现顺式脂肪酸和反式脂肪酸两种立体异构体。如果氢原子都位于双键的同一侧，称作“顺式脂肪酸”，链的形状弯曲，看起来像U形；如果氢原子位于双键的两侧，则称作“反式脂肪酸”，看起来像线形。天然的不饱和脂肪酸几乎都是以顺式脂肪酸形式存在的，顺式脂肪酸性质不稳定。

根据分子中双键数目的不同，不饱和脂肪酸又可分为单不饱和脂肪酸和多不饱和脂肪酸。

（1）单不饱和脂肪酸　指分子中含有一个双键的脂肪酸，如油酸（十八碳一烯酸，为ω-9系列脂肪酸）。含单不饱和脂肪酸较多的油脂主要有橄榄油、山茶油和茶叶子油。橄榄油、山茶油和茶叶子油中油酸含量分别约占脂肪酸总量的83%、79%和55%。单不饱和脂肪酸含量高的油脂比较耐高温，适宜煎、炒、烹、炸。

单不饱和脂肪酸有降低血胆固醇、甘油三酯和低密度脂蛋白胆固醇，升高高密度脂蛋白胆固醇的作用。在目前相当部分人群营养过剩状态下，适当提高单不饱和脂肪酸的摄入量，有利于降低脂代谢异常性心血管疾病的发生率。

（2）多不饱和脂肪酸　指分子中含有两个或两个以上双键的脂肪酸，如亚油酸（十八碳二烯酸）、亚麻酸（十八碳三烯酸）、花生四烯酸（二十碳四烯酸）、EPA（二十碳五烯酸）

和DHA（二十二碳六烯酸）。

含多不饱和脂肪酸较多的油脂包括大豆油、葵花籽油、玉米胚芽油、红花油、亚麻油和鱼油（特别是三文鱼等深海鱼油）等。这类油脂不耐高温，容易被氧化变质，在烹饪和储藏过程中不稳定。

多不饱和脂肪酸中，根据距离脂肪中性末端（ω端）的第一个双键位置不同，分为ω-3（或记作n-3）和ω-6（或记作n-6）两大系列。亚油酸为ω-6系列脂肪酸，α-亚麻酸、EPA、DHA为ω-3系列的脂肪酸。

ω-6和ω-3多不饱和脂肪酸的动态平衡对人体内环境稳定和正常生长发育具有重要作用，主要体现在稳定细胞膜结构、调控基因表达、维持细胞因子和脂蛋白的平衡等方面。因此，世界各国的科学家都指出二者之间的平衡是至关重要的。世界卫生组织提出ω-6∶ω-3的比值应小于6∶1，日本卫生部门提出应小于4∶1，中国营养学会2001年提出应是4～6∶1。

多不饱和脂肪酸对保持细胞膜功能、防治心血管疾病、促进生长发育、防治老年痴呆和预防视力减退等方面起到重要的作用。但多饱和脂肪酸并非越多越好，如果摄入过多，有增加体内过氧化物含量的风险与可能，过氧化物会对机体造成多种慢性危害。

有研究称，膳食中饱和脂肪酸、单不饱和脂肪酸、多不饱和脂肪酸的比例达到1∶1∶1时有助于人体脂肪酸均衡。这是一种理想的油脂摄入概念，膳食中要做到1∶1∶1是不容易的。不长期食用单一油脂，同日或隔日轮换食用几种脂肪酸构成不同的油脂，不失为一种简便易行的方法。

知识链接

EPA和DHA这两种多不饱和脂肪酸，近年来之所以引起人们的重视，是因为发现居住在北极圈内的爱斯基摩人的膳食中，脂肪、能量和胆固醇摄入量都很高，但冠心病、糖尿病的发生率和死亡率都远低于其他地区的人群。经研究发现，爱斯基摩人的膳食中同时摄入较多的深海鱼，深海鱼的鱼油中富含EPA和DHA。EPA具有降低血液中甘油三酯和胆固醇的功能，能降低心脑血管疾病的发病率；DHA，有利于增强神经信息的传递，对维持脑的功能，改善记忆力起着重要作用。EPA和DHA对人体生长发育和健康也有着极其重要的作用。

二、必需脂肪酸

必需脂肪酸是指不能被人体合成或合成数量不足但又是生命活动所必需的，必须由食物供给的脂肪酸。通常认为亚油酸、α-亚麻酸是人体的必需脂肪酸。其他脂肪酸，如花生四烯酸、EPA和DHA等都是人体不可缺少的脂肪酸，但人体可以利用亚油酸和α-亚麻酸来合成这些脂肪酸。

必需脂肪酸在植物油中含量较多，尤其是亚油酸，在畜禽类脂肪中含量相对较少，因此植物油是人体必需脂肪酸的最好来源。常用油脂和烹饪原料中的必需脂肪酸含量见表2-2。

表2-2 常用油脂和烹饪原料中的必需脂肪酸含量（占肪酸总量%）

油脂名称	亚油酸	亚麻酸	原料名称	亚油酸	亚麻酸
大豆油	52.2	10.6	猪肉	13.6	0.2
花生油	37.6	0.4	猪肝	15.0	0.6
玉米油	47.8	0.5	牛肉	5.8	0.7
菜籽油	14.2	7.3	羊肉	9.2	1.5
米糠油	34.0	1.2	鸡肉	24.2	2.2
芝麻油	43.7	2.9	鸡蛋黄	11.6	0.6
猪脂	8.3	0.2	牛奶	4.4	1.4
牛脂	3.9	1.3	鲤鱼	16.4	2.0
羊脂	2.0	0.8	带鱼	2.0	1.2
鸡油	24.7	1.3	鲫鱼	6.9	4.7

必需脂肪酸是细胞膜的重要成分，缺乏时易发生皮炎，还会影响儿童的生长发育；是合成磷脂和前列腺素的原料，与精细胞的生成有关；能促进胆固醇的代谢，防止胆固醇在肝脏和血管壁上沉积；对放射线引起的皮肤损伤有保护作用。另外，必需脂肪酸还能降血脂、抑制动脉粥样硬化、提高儿童的学习能力、增强记忆。

三、反式脂肪酸

1. 反式脂肪酸的来源

（1）氢化植物油　植物油进行氢化处理，一部分不饱和脂肪酸会发生结构转变，从天然的顺式结构异化为反式结构。

（2）牛、羊等反刍动物脂肪　反刍动物体脂中反式脂肪酸的含量占总脂肪酸的4%～11%，牛奶、羊奶中的含量占总脂肪酸的3%～5%。这些属于天然反式脂肪酸。

（3）油温过高产生反式脂肪酸　烹调油温过高时，部分顺式脂肪酸会转变为反式脂肪酸。

反式脂肪酸几乎无处不在，夹心饼干、奶油蛋糕、炸面包圈、沙拉酱、油炸食品等常见食物里都有。

2. 反式脂肪酸的危害

（1）引发心血管疾病　反式脂肪酸能升高低密度脂蛋白胆固醇，同时降低高密度脂蛋白胆固醇。而低密度脂蛋白胆固醇正是引发动脉粥样硬化和冠心病等心脑血管疾病的元凶。

（2）引发肥胖症　反式脂肪酸不容易被人体消化，更容易在腹部积累，从而导致肥胖。

（3）影响生长发育　反式脂肪酸对生长发育期的婴幼儿和成长中的青少年也有不良影响，胎儿通过胎盘、新生婴儿通过母乳均可以吸收反式脂肪酸，这会影响其对必需脂肪酸的吸收。反式脂肪酸还会对青少年的中枢神经系统的生长发育造成不良影响，抑制前列腺素的合成。

（4）影响人类生育　反式脂肪酸会减少男性激素分泌，对精子产生负面影响；对孕妇则会损害胎儿大脑发育，并会增加流产的风险。

（5）其他　如损害神经组织及其机能、加速大脑机能衰退，增加胰岛素抵抗，引发或加重糖尿病等。

近年有研究表明，天然反式脂肪酸没有像人造反式脂肪酸一样的危害。

第二节　油脂的物理性质

一、色泽

纯净油脂是无色的。天然油脂常常带有颜色，是油料中脂溶性色素（如类胡萝卜素等）溶入之故。因不同油料中的脂溶性色素种类、相对含量的不同，导致油脂颜色的不同，据此可鉴定油脂的种类。一般情况下，动物油中的色素较少，颜色较浅，如猪油、牛油和羊油等。

二、气味

纯净的油脂是无味的。天然油脂有着不同的气味，一是某些天然油脂中含有气味的短链脂肪酸，另一方面是因为油脂中存在着某些非酯成分，如芝麻油中的香味成分是芝麻酚，菜油中的特有气味是甲基硫醇。

油脂变质时也可产生令人不愉快的“哈喇味”。

三、熔点与沸点

天然油脂没有固定熔点和沸点，但都有一个幅度范围。

1. 熔点

一般油脂的熔点低于37℃，最高为40～50℃。油脂熔点随构成油脂脂肪酸的饱和程度提高和碳链的增长而增高。如葵花籽油、大豆油、花生油、猪油和羊油的熔点分别为：−19～−16℃、−18～−8℃、0～3℃、36～50℃和44～55℃。

油脂的熔点影响人体对油脂的消化率。熔点低于人体体温（37℃）的油脂消化率高，如植物油脂，熔点多为−20℃～3℃，消化率在97%以上；动物油脂，熔点多为34～55℃，消化率较低，为81%～94%。熔点超过50℃的油脂难以消化。

2. 沸点

油脂的沸点大多在200℃以上，其中花生油、菜籽油可高达335℃。油脂的沸点与组成油脂的脂肪酸有关，随脂肪酸碳链的增长而增加，与脂肪酸的饱和程度关系不大。

四、烟点

烟点是油脂的热稳定性指标，指油脂加热至开始连续发蓝烟时的温度。

烟点除与其自身脂肪酸构成相关外，与油脂的精炼程度密切相关，精炼油脂比未精炼油脂的烟点高。因此，需高温长时间炸制菜点时，宜选用精炼油。油脂经反复使用后烟点会下降。

常见的几种油脂的烟点分别为：芝麻油172～184℃、菜籽油186～227℃、猪油190℃、大豆油195～230℃、棉籽油216～229℃、玉米胚芽油222～232℃。

五、溶解性

各类食用油脂均不溶于水，均难溶于冷乙醇中，但所有油脂均能溶于多种有机溶剂中（如乙醚、丙酮、氯仿等）。

第三节　油脂的主要化学性质

一、水解

油脂在酸、碱或酶作用下，分解生成甘油和脂肪酸的反应称为水解反应。其实为合成油脂的逆反应。

$$
\begin{array}{l}
CH_2-O-\overset{\overset{\displaystyle O}{\|}}{C}-R_1 \\
| \\
CH-O-\overset{\overset{\displaystyle O}{\|}}{C}-R_2 \\
| \\
CH_2-O-\overset{\overset{\displaystyle O}{\|}}{C}-R_3
\end{array}
+ 3H_2O \xrightarrow[\text{热}]{\text{酸（碱或酶）}}
\begin{array}{l}
CH_2OH \\
| \\
CHOH \\
| \\
CH_2OH
\end{array}
+ R_1COOH + R_2COOH + R_3COOH
$$

油脂在储存过程中会发生水解，使游离脂肪酸增多，从而容易引起酸败。油脂中的游离脂肪酸含量的多少用“酸价”指标来衡量，以中和1g油脂中的游离脂肪酸所需KOH的毫克数来表示。食材在炖煮过程中，其中的油脂也会发生水解。

二、氢化

油脂中的不饱和脂肪酸所含的双键可以和氢起加成反应，使油脂的不饱和程度增高。食品工业上，用氢化来生产“人造奶油”“起酥油”。

$$—CH=CH— + H_2 \xrightarrow{催化剂} —CH_2—CH_2—$$

经氢化后的油脂，从液态变成了固态或半固态，改变了油脂的加工性能，提高了油脂的储藏稳定性（可延长食品的货架寿命），并且使口感酥脆而不油腻，因而在食品工业上广泛使用。但是氢化油中含有一定量的反式脂肪酸，对人体健康不利。

三、自动氧化

油脂在空气中受温度、水分、微生物、光线和酶等作用下逐渐氧化、劣变产生酸臭、哈喇味甚至产生毒性的现象称为油脂的自动氧化。其本质是脂肪的氧化、降解，产生低级醛、酮、酸。自动氧化在含油烹饪原料中大量发生，如腊肉、火腿、咸鱼、干鱼等肉制品肥肉部分发黄呈哈喇味，烹饪用油存放时间过久发生哈喇味等，都属于油脂的自动氧化。自动氧化导致油脂营养价值降低、食味劣变，甚至产生毒性。

油脂的自动氧化大约经历两个阶段，即过氧化物的形成阶段和过氧化物的分解阶段。对应两个阶段，用于衡量自动氧化程度的化学指标分别是过氧化值和羰基价。

影响油脂自动氧化的外在因素主要有氧气浓度、温度、光线、水分和金属离子等，这些因素都能促进油脂自动氧化的进程。因此，烹饪实践上要注意：随手将油壶加盖以隔绝氧气；用不透明的容器盛装油脂防止光线照射；避免用金属容器盛装油脂；将油脂存放在远离灶台等热源的低温处；使用过的油脂往往含有水分和食物残渣，必须使用时需经沉淀、取上清液过滤后储存、备用。

第四节　油脂在烹饪过程中的变化

一、油脂在烹饪过程中的化学变化

油脂的适宜烹调温度为160～180℃，而实际烹调温度通常为130～270℃，在油炸时温度还会更高。油脂在高温下长时间加热使用，会引起热氧化、热聚合、热分解和水解等一系列复杂的化学变化，从而引起油脂品质的劣变，甚至产生营养与安全上的问题。

1. 热氧化

热氧化是油脂在有空气存在的条件下，在高温中的剧烈氧化反应。热氧化的同时还伴随着聚合或分解。饱和脂肪酸也能激烈地发生热氧化。氧是影响热氧化的重要因素，在烹饪过程中如果采用密闭煎炸设备，可以有效地减少和防止油脂与空气接触，有利于减少热氧化反应的发生。

2. 热聚合

油脂在高温烹饪过程中的聚合反应主要是氧化聚合反应，油脂在空气中加热至200～300℃时即能发生，生成的聚合物主要是含羰基或羟基等官能团的碳—碳结合物，这种结合物在人体内被吸收以后可以与酶结合，使酶失去活性。

热氧化聚合的速度与油脂种类有关，即与油脂的脂肪酸组成相关，不饱和程度越高，热氧化聚合的速度越快。因而表现出来亚麻油最易聚合，大豆油、芝麻油次之，橄榄油、山茶油和花生油较难聚合。金属离子尤其是铁离子、铜离子也能促进油脂的热氧化聚合反应，所以，用作油炸食品的锅最好用不锈钢锅。

3. 热分解

在烹饪过程中，油脂在高温作用下可发生分解，包括氧化分解和热分解。油脂热分解的程度与油脂种类和加热温度等因素有关。当烹调温度达290～300℃时，热分解作用加剧，分解产物增多。金属离子（如铁离子）的存在，可加速油脂的热分解。

4. 水解

烹饪过程中，油脂与烹饪原料中的水分或水蒸气接触时油脂会发生水解，生成甘油和游离脂肪酸。加热时间越长、温度越高，水解程度越大，游离脂肪酸的含量就会越高。游离脂肪酸含量的增加，意味着油脂的品质发生了劣变。并且游离脂肪酸增加，可导致油脂烟点的降低和色泽的改变。

二、油脂经高温反复加热或煎炸后的品质变化

1. 色泽变化

油脂在经长时间高温加热或煎炸时，油脂会发生着色，油脂的色泽会由浅黄色逐渐加深至棕黑色，透明度下降并变得很黏稠。油脂着色后，会在一定程度上影响煎炸物的颜色。

2. 气味变化

随着油脂加热时间的延长，油脂会不断劣化，气味也会从清香到焦煳，滋味从正常到苦辣，严重时还会产生刺激眼睛、喉咙的令人不愉快的臭气。

3. 烟点变化

油脂在加热或煎炸时，随着加热时间或煎炸次数的增加，烟点会大大降低。这一方面取决于油脂中游离脂肪酸的增加，另一方面是在煎炸或烹制食物时，混入了大量的外来物质（如淀粉、糖、面粉、肉末等），也会导致烟点的降低，产生大量油烟。

油烟的成分很复杂，至少有300多种，主要有脂肪酸、烷烃、烯烃、醛、酮、醇、酯、芳香化合物和杂环化合物等。油脂加热时常见的蓝色烟雾，是甘油在180℃以上高温下脱水生成的丙烯醛，丙烯醛有一定的毒性，会使烹饪工作人员发生“油醉”现象。故烹饪加工中掌控好油温很重要。

4. 起泡性的变化

用油脂炸制食品，正常情况下，当放入煎炸物时会出现大的气泡，当煎炸物取出时气泡立即消失。但有时，当放入煎炸物时小气泡向整个油面扩展，而且越来越严重，煎炸物取出后气泡一时仍不消失，食物也没有充分炸好，这就是油脂经长时间高温处理后引起的起泡性变化。

5. 卫生质量下降

随着油脂的反复高温加热或煎炸时间的延长，成分变得很复杂，油脂酸价、过氧化值、羰基价等都呈逐步上升趋势，甚至产生了致癌物质。研究指出，油脂在160℃条件下煎炸20h或在200℃条件下煎炸14h，酸价就会超过食用油质量标准；160℃下煎炸6h或200℃下煎炸2h，羰基价也会超过食用油质量标准。

第五节 类脂

类脂是指理化性质与脂肪相似，但化学结构并不相同的类似脂肪的物质。主要包括磷脂、固醇和蜡等。

一、磷脂

磷脂是指甘油三酯中一个或两个脂肪酸被含磷酸的其他基团所取代的一类脂类物质。其中最重要的磷脂是卵磷脂。

磷脂是生物膜的重要组成成分，可帮助脂类或脂溶性物质，如脂溶性维生素、激素等顺利通过细胞膜。磷脂缺乏会造成细胞膜结构受损、毛细血管的脆性增加，产生皮疹等。磷脂能促进胆固醇的溶解和排泄，对防止动脉粥样硬化和脂肪肝的形成有一定的作用。

人体中具有重要机能的脑、肝脏、心脏、肾脏和肺等组织中，磷脂含量特别高。

磷脂本身是一种营养物质，但由于磷脂有很强的吸水性，会因磷脂的吸水而使油脂带水，水分的存在，使得油脂在加热的时候会因水分的汽化而发生爆溅，手脸容易被烫伤。并且，当油脂温度达到280℃时，磷脂会炭化而使油脂变黑，也会使煎炸食物的颜色变深变黑或在被煎炸食物表面出现小黑斑点。因此，磷脂通常在油脂制取时通过精炼而去除。

磷脂是一种乳化剂，可以使本不相溶的水和油通过乳化作用融为一体而不分层。烹饪实践上制作奶汤时，必须选择磷脂含量高的原料，如鲫鱼等鱼类、鸡鸭猪骨等，所用的油脂也须采用含磷脂高的猪油或大豆油。通过磷脂的乳化作用，使得水油交融，形成浑然一体的色白如奶的油包水型乳浊液。

二、固醇

固醇分为植物固醇和动物固醇。它们都具有环戊烷多氢菲基本骨架。

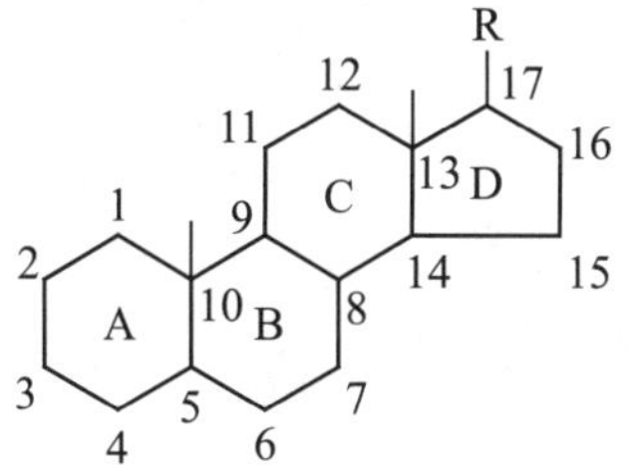

环戊烷多氢菲

1. 植物固醇

植物固醇是植物细胞的重要组成成分，主要有谷固醇、豆固醇、麦角固醇等。存在于麦胚油、大豆油、菜籽油、燕麦油等植物油中。植物固醇可促进饱和脂肪酸和胆固醇代谢，具有降低血液中胆固醇的作用。

2. 胆固醇

胆固醇是最重要的动物固醇。

胆固醇不溶于水、稀酸、稀碱中，在烹饪过程中几乎不被破坏分解。

胆固醇是人体不可缺少的营养物质，具有重要的生理功能：

（1）胆固醇是脑、神经、肝、肾、皮肤和血细胞膜的组成成分；

（2）胆固醇是合成胆汁酸和维生素D_3的原料　前者可帮助脂肪消化吸收，后者可预防儿童佝偻病；

（3）胆固醇是合成类固醇激素的原料　特别是性激素和肾上腺皮质激素。这些激素对人体的健康和人类的繁衍都是不可或缺的。

但如果人体血液中胆固醇浓度偏高，则有引起心血管疾病的危险。

人体胆固醇来自膳食和体内合成两个方面，体内合成是人体胆固醇的主要来源。

近年研究表明，胆固醇摄入量与冠心病、脑卒中的发病和死亡风险没有关联。2013年，中国营养学会去掉了膳食胆固醇日摄入量不超过300mg的限制。但这并不意味着胆固醇的摄入可以毫无节制，尤其是血脂异常和心血管疾病患者，仍需注意。

胆固醇广泛存在于动物性食品之中，常用烹饪原料中胆固醇的含量见表2-3。

表2-3　常用烹饪原料中的胆固醇含量　　单位：mg/100g

原料名称	胆固醇含量	原料名称	胆固醇含量	原料名称	胆固醇含量
猪肉（瘦）	77	羊肉（瘦）	65	牛肉（肥）	194
猪肉（肥）	107	羊肉（肥）	173	牛肝	257
猪心	158	羊肝	323	牛肾	340
猪肚	159	羊肾	354	牛舌	102
猪脑	3100	羊脑	2099	牛心	125
猪肾	405	羊舌	147	牛肚	132
猪肝	368	羊肚	124	牛脑	2670
猪肺	314	羊心	125	鸡肉	117
蹄筋	117	牛肉（瘦）	63	鸭肉	80

续表

原料名称	胆固醇含量	原料名称	胆固醇含量	原料名称	胆固醇含量
鸽肉	110	全奶粉	104	小虾米	738
鸡蛋黄	1705	奶油	168	螺肉	161
鸡蛋（全蛋）	680	大黄鱼	79	白鲢鱼	103
鸡蛋粉	2302	带鱼	97	花鲢	97
鸭蛋黄	1522	鲳鱼	68	鲫鱼	93
鸭蛋（全蛋）	634	鳜鱼	93	鲤鱼	83
鹅蛋黄	1813	鱿鱼	265	甲鱼	77
鹅蛋（全蛋）	704	蟹子（鲜）	466	河虾	896
咸鸭蛋	742	海蜇皮（水发）	16	鳝鱼（黄）	117
松花蛋	1132	海参	0	黑鱼	72
牛奶	13	对虾	150	河蟹	150

三、蜡

蜡是高级脂肪酸与高级一元醇所生成的酯。不溶于水，熔点比脂肪高，常温下呈固态，不易水解，在人及动物的消化道内不能被消化。

蜡广泛存在于动植物的表皮中，起到保持水分、防止水分蒸发的作用。如各类瓜果蔬菜经水洗后表面都会挂水珠，而不是均匀的水膜，其原因就在于表面层含有蜡质。

蜡也存在于油脂中，经反复煎炸的油脂在冷却后常会在其表面生成一层薄薄的膜，这层薄膜的主要成分就是蜡。

第六节 烹饪常用油脂

油脂，不仅是烹饪原料的重要组成成分，也是重要的烹饪原料，起着传热、赋香、起酥、润滑和增色护色的重要作用。

一、烹饪用油的类别与特点

烹饪用油种类较多，按其来源不同，有植物油脂和动物油脂两个大类。烹饪用油大量的是植物油脂。

（一）植物油脂

1. 根据植物油料的不同分类

有草本油脂、木本油脂和农产品加工副产物制取的油脂之分。

（1）草本植物油　大豆油、花生油、菜籽油、葵花籽油和棉籽油等；

（2）木本植物油　棕榈油、椰子油、橄榄油、山茶油等；

（3）农产品加工副产物制取的油脂　米糠油、玉米胚油、小麦胚芽油等。

植物油富含有不饱和脂肪酸。不饱和脂肪酸的熔点都较低，故大多数植物油在室温下呈液态。棕榈油、椰子油因饱和脂肪酸比其他植物油多，常温下呈固态。

植物油所含必需脂肪酸比动物油高。植物油中不含胆固醇，而含豆固醇、谷固醇等植物固醇。植物固醇能阻止人体吸收胆固醇。

2. 根据植物油脂制取工艺的不同分类

有压榨油和浸出油之分。

（1）压榨油　通过压榨的方法制取的油脂。压榨法是用机械力量压榨油料分离油脂，有热榨和冷榨之分。热榨法制得的油脂因植物种子经过焙炒，所以香气较浓，但颜色较深；冷榨法制得的油脂香味较淡，但色泽好。

（2）浸出油　用浸出法制取的油脂。浸出法是用有机溶剂浸提油料中的油脂，得到油脂与溶剂的混合物后将溶剂蒸发得到油脂。浸出法出油率较高，价格较为便宜。

不论是压榨法还是浸出法，起初得到的都是毛油，需要通过精炼（沉淀、脱磷、脱酸、脱臭、脱胶、脱色等）以后才能得到商品食用油脂。

3. 根据油脂加工的精炼程度不同分类

有毛油和精炼油之分。

（1）毛油　指从食用植物油料中制取、没经过精炼加工的初级油。毛油加工工艺简单，含水分和杂质多，属于半成品。土榨油都属于毛油，品质不稳定。

（2）精炼油　食用植物油（橄榄油和特种油脂除外），按精炼程度高低通常分为一级、二级、三级和四级4个等级，如大豆油、菜籽油、棉籽油、米糠油、玉米油、葵花籽油、浸出花生油、浸出茶籽油等分为一级到四级，而压榨花生油、压榨茶籽油、芝麻油等则只有一级和二级之分。一级油的精炼程度最高，也称色拉油，油质清纯，色浅味淡，市场上销售的各种品牌油脂大多数是一级油。

（二）动物油脂

动物油脂包括陆地动物油和海洋动物油两类，以陆地动物油为主。

（1）陆地动物油　猪油、牛油、羊油、鸡油、鸭油等；

（2）海洋动物油　鲸油、深海鱼油等。

多数陆地动物油主要含饱和脂肪酸。饱和脂肪酸的熔点较高，在室温下通常呈固态。但鸡油和鸭油的不饱和脂肪酸含量均可高达70%左右，其中多不饱和脂肪酸分别高达约46%和59%。

鱼油主要由不饱和脂肪酸组成，熔点较低，通常呈液态，人体的消化吸收率在95%左右。在深海鱼油中不饱和脂肪酸的含量高达70%～80%，对调节血脂和预防心脑血管疾病有利。

二、烹饪用油的选择

不同种类的油脂，因脂肪酸构成和精炼程度等不同，导致耐热性不同。烹饪时应根据不同的烹饪方法和烹饪温度，选择适合的油脂。

1. 煎炸和爆炒

最好选择棕榈油、椰子油或猪油、猪油与植物油的混合油等饱和脂肪酸多，耐热性好、烟点高、性质比较稳定的油脂。如选用其他油脂，宜选用精炼程度高，多不饱和脂肪酸较少、单不饱和脂肪酸较多的油脂，如山茶油、橄榄油、棉籽油、花生油、米糠油、菜籽油等。

2. 凉拌

最好选择芝麻油、特级初榨橄榄油、亚麻油等油脂。芝麻油含有芝麻酚等香味物质，芝麻酚同时也具有抗氧化作用，但受热容易损失；特级初榨橄榄油是用橄榄鲜果在24小时内用纯物理低温压榨工艺制取的油脂，含有较多的维生素E和多酚类物质，这些物质具有抗氧化作用，受热时容易被氧化而失去抗氧化作用；亚麻油含有约50%的α-亚麻酸，α-亚麻酸受热极易氧化。

3. 炒菜

普通炒菜，提倡“热锅冷油”、低温烹调，可以选择花生油、菜籽油、大豆油、米糠油、山茶油、玉米胚油、葵花籽油等多种油脂，也可选择调和油等。普通炒菜，还可根据菜肴色泽的需要来选择不同色泽的油脂，如炒制色泽红润的炒菜和红烧类菜肴时，可选用颜色较深的菜籽油、花生油等，而需炒制色泽翠绿的蔬菜时，一般可选用颜色较浅猪油或调和油等。

4. 焙烤

对于加工制作各式面包、蛋糕、饼干等焙烤食品，通常用人造黄油、起酥油、植脂奶油、代可可脂或奶油、可可脂和棕榈油等油脂。这些油脂富含饱和脂肪酸，有的还含有较多的反式脂肪酸。这些油脂具有较好的可塑性、起酥性、乳化性、酪化性、吸水性和氧化稳定性等优良的加工特性而被广泛使用。

其他如用来制作涮火锅的底料油，可首选牛油，外加菜籽油或山茶油，再用多种调味料炼制即成。牛油可以增加香味，还可以较好地保持原汤的温度。

探究

植物油好还是动物油好

通常认为，植物油主要含不饱和脂肪酸，而且必需脂肪酸含量比动物油高，不含胆固醇而含植物固醇，因而认为食用植物油更好。

但也有人认为，食用动物油更好。理由在于：①动物油所烹调的菜肴，香气更浓郁，口感更细腻，而且对烹调温度有更好的耐受性，产生的有害物质较少，菜肴的安全性更高；②猪油、牛油、奶油虽饱和脂肪酸多，但有研究认为膳食饱和脂肪酸与胆固醇、心血管疾病之间并无相关性；③动物油里天然的胆固醇对身体并无害处，只有经过高温（120℃以上）氧化生成的氧化胆固醇才有害。

第七节　油脂与人体健康

一、油脂的生理功能

1. 供给能量

人类总能量的20%~30%是由油脂供给。脂肪是食物中能量密度最高的营养素，它在体内氧化产生的能量比糖类和蛋白质高1倍。当机体摄入过多的脂肪时，多余的部分将以脂肪的形式贮存在体内，当机体能量消耗大于摄入量时，贮存脂肪即可随时补充机体所需的能量。

2. 构成机体

正常人含脂量占体重的14%~19%。脂类特别是磷脂和胆固醇，是所有生物膜的重要组成成分（如细胞膜、内质网膜、核膜、神经髓鞘膜等机体主要的生物膜），也是构成脑组织和神经组织的主要成分。

3. 油脂是必需脂肪酸和脂溶性维生素的重要来源

油脂可增加饱腹感和食物的美味感。

4. 油脂还有保护脏器、维持体温、滋润皮肤的作用

二、油脂摄入量与人体健康

油脂摄入过多或过少对人体的健康均会产生不良的影响。

1. 油脂摄入过量

（1）超重或肥胖　在三大产能营养素中，油脂的单位能量最高。膳食油脂摄入过多，过剩的能量就会转化为脂肪在体内储存，造成超重或肥胖。

（2）易患心脑血管疾病　超重或肥胖可使患高血压、高血脂、糖尿病、冠心病、脑梗死、脂肪肝等慢性病的发病风险大增。

（3）诱发癌症　油脂摄入过多可导致免疫应答下降。研究表明，部分恶性肿瘤如结肠

癌、乳腺癌、前列腺癌等，与油脂摄入过多有直接或间接的联系。

2．油脂摄入过少

油脂摄入不足会导致必需脂肪酸和脂溶性维生素缺乏，可造成营养不良，造成生长迟缓、生殖力下降、内脏下垂、脂类运转异常、血小板聚集能力增强、脱发、皮肤粗糙、湿疹样皮炎、皮肤感染及伤口愈合不良等。

巩固提高练习

一、自测或练习

1．什么是饱和脂肪酸、单不饱和脂肪酸和多不饱和脂肪酸？棕榈油、亚麻油、山茶油、橄榄油、玉米胚芽油、深海鱼油、猪油中含量较多的脂肪酸分别属于哪一类？

2．油酸、亚油酸、亚麻酸分别在哪些油脂中含量较高？

3．反式脂肪酸来源有哪几个方面？对人体健康有什么危害？

4．什么是油脂的烟点？油烟中含有一系列有害物质，烹饪时应该怎样来防控？

5．腌肉、火腿肥膘表面发黄，呈哈喇味，这是因为油脂发生了什么变化？应怎样来防止这种情况的发生？

6．油脂在高温煎炸时有什么样的化学变化和品质变化？应怎样选择煎炸用油？

7．凉拌菜用油，最好选用什么类型的油脂？

8．压榨油一定比浸出油更好吗？土榨油就是压榨的油，一定好吗？

9．烹饪用的油脂怎么样储存才能防止油脂变质？

10．制作奶汤时，为什么要选择磷脂含量高的烹饪原料或烹饪用油？

11．胆固醇含量高于200mg/100g的烹饪原料主要有哪些？含胆固醇高的食物要坚决不吃吗？

二、实践与探究

1．感官识别

用相同规格的小烧杯，分别盛装等量的菜籽油、花生油、大豆油、芝麻油、茶籽油等常用油脂，在室温下（或稍加热后）分别观察色泽、闻嗅气味、品尝滋味，分辨不同油脂间的细微差别。

2．社会调查

（1）调查当地家庭5～8户，了解被调查家庭最常用烹饪用油的品种、种数、用量，计算人均日用油量（g）；简单分析被调查家庭烹饪用油的科学性；指导被调查家庭科学购油、用油、存油。

（2）调查当地超市，了解市场上销售的桶装或瓶装油脂的种类、品牌及其销售情况，特别注意转基因原料制成的油脂、浸出法制成的油脂的销售情况，并分析当地最受欢迎油脂的种类和品牌。

3．深度探究

猪油、牛油和羊油等动物油，含有较多的饱和脂肪酸，它们能食用吗？

4．参观见习

有条件时，参观食品或农产品质量检验检测机构，观摩、见习食品或农产品的脂肪含量、油脂烟点、油脂酸价等项目的检验检测过程。

第3章 蛋白质

◎ 学习目标

1 熟悉氨基酸的结构特点，人体必需氨基酸的种类

2 理解蛋白质的类别、结构和与烹饪密切相关的主要性质

3 掌握烹饪原料中主要动植物蛋白质的特点，烹饪加工手段对蛋白质的影响

4 能初步运用蛋白质盐析、变性、水化、膨润、持水性、乳化性和胶凝作用等烹饪化学原理解释烹饪实践中的一些具体做法

5 会大致评价常用烹饪原料中蛋白质质量的高低

蛋白质是一种天然的含氮高分子化合物，种类繁多，结构复杂，有特定的物理化学性质，存在于包括各种烹饪原料在内的一切动植物细胞中，是生物体的基本组成成分。常用烹饪原料中的蛋白质含量见表3-1。

表3-1　常用烹饪原料的蛋白质含量　　单位：g/100g

原料名称	蛋白质含量	原料名称	蛋白质含量
黄豆	35.0	小麦粉（标准粉）	11.2
绿豆	21.6	粳米	7.7
赤小豆	20.2	籼米	7.7
花生仁	24.8	玉米（干）	8.7
猪肉	13.2	玉米面	8.1
牛肉	19.9	小米	9.0
羊肉	19.0	高粱米	10.4
鸡	19.3	马铃薯	2.0
鸡蛋	13.3	甘薯	0.2
草鱼	16.6	蘑菇（干）	21.1
牛奶	3.0	紫菜（干）	26.7

根据分析，蛋白质主要含碳、氢、氧、氮四种元素，有的还含有磷、碘，少数含铁、铜、锌、锰、钴、钼等金属元素。多数蛋白质的元素含量为：碳50%~55%、氢6%~7%、氧19%~24%、氮13%~19%、硫0~4%、磷0~3%。

各种蛋白质的含氮量很接近，平均为16%，即每100g蛋白质中平均含有16g氮，换言之，每1g氮相当于蛋白质6.25g。由于烹饪原料等食物组织的主要含氮物是蛋白质，因此，只要测定样品中的氮含量，就可以推算出蛋白质大致含量，即：

$$蛋白质含量（\%）=每克样品中的含氮量 \times 6.25 \times 100$$

蛋白质在酸、碱、酶作用下会发生水解，生成较多的中间产物，但最后得到各种各样的氨基酸，所以构成蛋白质的基本单位是氨基酸。在动植物组织中可以分离得到26~30种不同的氨基酸，但绝大多数天然蛋白质水解主要得到20种不同的氨基酸。

第一节　氨基酸

一、氨基酸的结构与分类

氨基酸，是含有氨基的羧酸，它是构成蛋白质的基本单位。

构成蛋白质的20种不同的氨基酸：赖氨酸、甲硫氨酸、亮氨酸、异亮氨酸、苏氨酸、缬氨酸、色氨酸、苯丙氨酸、组氨酸、精氨酸、谷氨酸、丙氨酸、甘氨酸、天门冬氨酸、天门冬酰胺、脯氨酸、丝氨酸、酪氨酸、半胱氨酸、谷氨酰胺。

$$\begin{array}{c} H \\ | \\ R—C—COOH \\ | \\ NH_2 \end{array}$$

α-氨基酸通式

尽管组成蛋白质的氨基酸有许多种，但结构上却具有共同特点，即每个氨基酸分子中至少含有一个氨基和一个羧基，并且在与羧基相邻的碳原子上有一个氨基。不同氨基酸的区别在于侧链R的不同，也就是说侧链R的不同决定了氨基酸的种类不同。

根据侧链R化学结构式的不同，可将氨基酸分为脂肪族氨基酸、芳香族氨基酸和杂环氨基酸。脂肪族氨基酸有丙氨酸、甘氨酸、亮氨酸、缬氨酸、异亮氨酸等，芳香族氨基酸有苯丙氨酸、酪氨酸、色氨酸等，杂环氨基酸有组氨酸和脯氨酸等。

根据侧链R极性的不同，还可将氨基酸分为非极性氨基酸、中性极性氨基酸、碱性氨基酸和酸性氨基酸等四类不同的氨基酸。

二、必需氨基酸

必需氨基酸是指人体自身不能合成或合成速度不能满足人体需要，必须从食物中摄取的氨基酸。对成人来说，这类氨基酸有8种，它们分别是赖氨酸、甲硫氨酸、亮氨酸、异亮氨酸、苏氨酸、缬氨酸、色氨酸、苯丙氨酸；对婴儿来说，组氨酸和精氨酸也是必需氨基酸。

需要指出的是，非必需氨基酸并不是人体不需要这些氨基酸，而是指人体可以自身合成或可以由其他氨基酸转化而得到，不一定从食物中直接摄取。这类氨基酸包括谷氨酸、丙氨酸、甘氨酸、天门冬氨酸、胱氨酸、脯氨酸、丝氨酸和酪氨酸等。

三、理想氨基酸模式与氨基酸互补

蛋白质中各种必需氨基酸的相互比例，即氨基酸构成比或相互比值称作氨基酸模式。这个模式是以各种氨基酸中含量最少的色氨酸为基数来确定的，即将该蛋白质中的色氨酸含量设定为1，再分别计算其他必需氨基酸与色氨酸的相应比值而得到的。几种常见食物必需氨基酸模式见表3-2。

表3-2 常见蛋白质必需氨基酸模式

必需氨基酸	成人需要量模式	稻米蛋白	小麦蛋白	大豆蛋白	猪肉蛋白	牛肉蛋白	全鸡蛋蛋白
色氨酸	1.0	1	1	1	1	1	1
苯丙氨酸	4.4	2.8	4.1	3.9	3.0	3.4	3.5
赖氨酸	3.2	2.3	2.2	5.1	6	6.9	3.5
苏氨酸	2.0	2.3	2.8	3.6	3.8	4.5	3.3
蛋氨酸	4.4	1.2	1.3	0.9	2.1	2.5	5.1
亮氨酸	4.4	5.6	6.5	8.0	6	7.0	5.8
异亮氨酸	2.8	2.1	3.3	3.5	3.2	3.7	3.1
缬氨酸	3.2	3.4	3.8	3.9	4.2	5.0	4.3

表3-2表明，并不是所有蛋白质的必需氨基酸组成模式都与推荐模式一致；动物蛋白是优质蛋白，而植物蛋白的质量不高，尤其谷物蛋白的差距更大；在谷物蛋白中，也不是每种必需氨基酸含量都低于模式，而是各氨基酸间比例不合理，如小麦蛋白的赖氨酸、甲硫氨酸、色氨酸低于标准，这样，即使其他必需氨基酸含量较高，在合成人体蛋白质时也不能充分利用，多余的氨基酸只能作为能量消耗掉，造成蛋白质资源的浪费。

通常，人们将蛋白质中那些低于标准的必需氨基酸称为该蛋白质的限制氨基酸，与标准相差最大的称为第一限制氨基酸，依次类推。

在合成机体蛋白质时，所能合成的蛋白质数量多少取决于第一限制氨基酸的数量，如果能够补充这部分必需氨基酸的不足，就可以提高这种蛋白质的合成量。因此，把不同食物混合食用，使蛋白质之间相对不足的氨基酸相互补偿，使其比值接近人体需要模式，提高蛋白质的营养价值，这种做法称为蛋白质的互补作用。如谷类、豆类和奶类混合食用时的营养价值高于单独食用；我国民间有吃八宝粥的习惯，实际上八宝粥就有一种很好的蛋白质互补作用，它用豆类食物中含有较高的赖氨酸补充谷物中赖氨酸的不足，而谷类食物中蛋氨酸又可补充豆类食物中蛋氨酸的不足。

第二节　蛋白质的分类与结构

一、蛋白质的分类

蛋白质的种类繁多、结构复杂、功能各异。目前，蛋白质的分类主要是根据蛋白质的形状、组成和溶解性来进行。

1. 球状蛋白质和纤维状蛋白质

根据分子形状，将蛋白质分为球状蛋白质和纤维状蛋白质。

球状蛋白质分子比较对称，接近球形或椭球形，这类蛋白质中的疏水性基团倾向埋在蛋白质分子的内部，而亲水性基团倾向暴露在蛋白质分子的表面，所以，这类蛋白在水中较易溶解。烹饪原料中的许多蛋白质属于球蛋白，如大豆球蛋白、小麦球蛋白、菜籽球蛋白、肌红蛋白、血红蛋白、乳清蛋白等。

纤维状蛋白质，类似于细棒状或纤维状，溶解性质各不相同，大多数不溶于水，如胶原蛋白、角蛋白等，也有些溶于水，如骨骼肌中的肌球蛋白和肌动蛋白及血纤维蛋白原等。

2. 简单蛋白质和结合蛋白质

根据化学组成，将蛋白质分为简单蛋白质和结合蛋白质两类。

简单蛋白质分子中只含有氨基酸，没有其他成分。它又可根据理化性质及来源分为清蛋白（又名白蛋白）、球蛋白、谷蛋白、醇溶谷蛋白、精蛋白、组蛋白、硬蛋白等。

结合蛋白质是由蛋白质部分和非蛋白质部分结合而成，主要有核蛋白、糖蛋白、脂蛋白、色蛋白、金属蛋白、磷蛋白等。

3. 可溶性蛋白、醇溶性蛋白和不溶性蛋白

根据溶解性不同，将蛋白质分为可溶性蛋白、醇溶性蛋白和不溶性蛋白三类。

可溶性蛋白，可溶于水、稀盐、稀酸、稀碱溶液，如精蛋白、清蛋白。

醇溶性蛋白，不溶于水和稀盐溶液，溶于70%～80%的乙醇中，如玉米醇溶蛋白、小麦醇溶蛋白。

不溶性蛋白，不溶于水、盐、稀酸、稀碱溶液和有机溶剂，如角蛋白、纤维蛋白。

4. 完全蛋白质、半完全蛋白质和不完全蛋白质

根据所含氨基酸的种类和数量不同，将蛋白质分为完全蛋白质、半完全蛋白质和不完全蛋白质三类。

完全蛋白质是一类优质蛋白质。它们所含的必需氨基酸种类齐全，数量充足，比例适当。这一类蛋白质不但可以维持人体健康，还可以促进生长发育。奶、蛋、鱼、肉、大豆及其大豆制品中的蛋白质都属于完全蛋白质。

半完全蛋白质所含氨基酸虽然种类齐全，但其中某些氨基酸的数量不能满足人体的需要。它们可以维持生命，但不能促进生长发育。例如，小麦中的麦醇溶蛋白便是半完全蛋白质，含赖氨酸很少。

不完全蛋白质不能提供人体所需的全部必需氨基酸，单纯靠它们既不能促进生长发育，也不能维持生命。例如，玉米胶蛋白、动物结缔组织和肉皮中的胶原蛋白皆是不完全蛋白质。

二、蛋白质的结构

蛋白质是由多种氨基酸结合而成的长链状多肽高分子化合物，每一种蛋白质构成氨基酸的种类、数目和顺序都是一定的。

一个氨基酸的α-氨基与另一个氨基酸的α-羧基缩合失去一分子水，形成的化学键称为肽键。由肽键连接形成的化合物称为肽。各种氨基酸在蛋白质分子中以肽键相结合，由两个氨基酸组成的肽称为二肽，同样则有三肽、四肽以至多肽。由许多的氨基酸通过肽键相互连接而成的线状大分子，被称为肽链。

蛋白质分子结构非常复杂，可分为一级结构和空间结构。空间结构，又可分为二级结

构、三级结构和四级结构。

蛋白质的一级结构，即蛋白质的基本结构，是指蛋白质中各种氨基酸按一定顺序排列构成的蛋白质肽链骨架。维持蛋白质一级结构的作用力是肽键和二硫键。由于肽键和二硫键的作用力比较强，所以蛋白质的一级结构非常稳定，不易被破坏。

蛋白质分子局部区域内，多肽链沿一定方向盘绕和折叠的方式，称为蛋白质的二级结构。以二级结构为其立体结构的蛋白质主要是一些纤维状蛋白质，如角蛋白、胶原蛋白、丝心蛋白等，存在于毛发、指甲、皮肤和筋腱中。在蛋白质的二级结构基础上借助各种次级键卷曲折叠成特定的球状分子结构的空间构象为三级结构。由两条或两条以上的具有三级结构的多肽链聚合而成特定构象的蛋白质分子被称为蛋白质的四级结构，其中的每一条多肽链称为亚基。三、四级结构属于较高层次的蛋白质空间结构，具备三级结构的蛋白质分子，都有近似球状或椭球状的外形，所以，我们常把具有三级、四级结构的蛋白质称为球蛋白，与生命活动相关的重要蛋白质都是球蛋白，如酶、蛋白激素、运载和贮存蛋白、抗体蛋白等。烹饪原料中的许多蛋白质也是球蛋白，如大豆球蛋白、花生球蛋白、乳球蛋白、肌球蛋白等。

蛋白质的一级结构是形成蛋白质主干的基础，而决定其生物化学性质的，则是分布在主干内外表层上的各种化学基团的三维空间相对位置。蛋白质空间结构的维持力主要是氢键、静电引力、疏水作用等作用力较弱的次级键，另外也有二硫键、肽键等共价键。从维持空间结构的各种力来看，除共价键外都是较弱的。因此，环境的变化对这些力的影响非常明显，如温度、水中的电解质和pH的变化等，都会改变维持蛋白质空间结构的力，从而导致蛋白质分子空间结构的改变，所以说蛋白质很容易发生变化。

第三节　蛋白质的性质及其在烹饪中的应用

一、两性解离和等电点

组成蛋白质的氨基酸分子中含有氨基和羧基，它既能像酸一样解离，也能像碱一样解离，因此它具有两性性质，同样由氨基酸组成的蛋白质也具有两性性质，当蛋白质在某一pH时，其解离为阴离子和阳离子的趋势相等，蛋白质所带净电荷为零，此时的这一pH称为该蛋白质的等电点。

在等电点处，蛋白质颗粒间不存在静电相互斥力，因此，在等电点处，蛋白质的许多物理性质，如黏度、溶解度、水化程度等也都降到最低。

二、胶体性质

蛋白质是高分子化合物，由于相对分子质量大，它在水溶液中形成胶体溶液，所以蛋白质溶液具有胶体溶液的许多特征。如蛋白质溶液有扩散现象、沉降现象、电泳现象、电渗现象，不能通过半透膜并具有吸附性等。蛋白质之所以能以稳定的胶体存在主要是由于：

（1）蛋白质分子大小已达到胶体质点范围（颗粒直径在1～100μm），具有较大表面积。

（2）蛋白质分子表面有许多极性基团，这些基团与水有高度亲和性，很容易吸附水分子。

实验证明，每1g蛋白质可结合0.3～0.5g的水，从而使蛋白质颗粒外面形成一层水膜。由于这层水膜的存在，使得蛋白质颗粒彼此不能靠近，增加了蛋白质溶液的稳定性，阻碍了蛋白质胶体从溶液中聚集、沉淀出来。

（3）蛋白质分子在非等电状态时带有同性电荷，即在酸性溶液中带有正电荷，在碱性溶液中带有负电荷。由于同性电荷互相排斥，所以使蛋白质颗粒互相排斥，不会聚集沉淀。

如果这些稳定因素被破坏，蛋白质的胶体性质就会被破坏，从而产生沉淀作用。

三、沉淀作用

蛋白质的沉淀作用是指在蛋白质溶液中加入适当试剂，破坏了蛋白质的水化膜或中和了其分子表面的电荷，从而使蛋白质胶体溶液变得不稳定而发生沉淀的现象。

在蛋白质溶液中加入一定量的中性盐（如硫酸铵、硫酸钠、氯化钠等）使蛋白质溶解度降低并沉淀析出的现象称为盐析。盐析可使蛋白质沉淀，这是由于这些盐类离子与水的亲和性大，又是强电解质，可与蛋白质争夺水分子，破坏蛋白质颗粒表面的水膜。另外，大量中和蛋白质颗粒上的电荷，使蛋白质成为既不含水膜又不带电荷的颗粒而聚集沉淀。

豆腐制作利用的就是蛋白质的盐析作用。在豆浆中加入氯化镁或硫酸钙（盐卤或石膏的主要成分），豆浆在70℃以上即可凝固。腌制咸鸭蛋也是典型的例子，盐对蛋白和蛋黄所表现的作用并不相同，食盐可使蛋白的黏度逐渐降低而变稀，却使蛋黄的黏度逐渐增加而变稠凝固，使蛋黄中的脂肪逐渐集聚在蛋的中心从而使蛋黄出油。

与盐析作用相反，当在蛋白质溶液中加入中性盐的浓度较低时，蛋白质溶解度会增加，这种现象称为盐溶，这是由于蛋白质颗粒上吸附某种无机盐离子后，使蛋白质颗粒带同种电荷而相互排斥，并且蛋白质与水分子的作用却加强，从而促进蛋白质的溶解和水化。在肉制品加工中，为了提高制品的嫩度和鲜度，往往需要肌肉蛋白质发生盐溶，所以，肉在烹饪前常用盐进行腌渍处理。

四、变性作用

天然蛋白质分子因受物理或化学的因素影响，使蛋白质的理化性质和生物学性质有所改变，但并不导致蛋白质一级结构的破坏，这种现象称变性作用。蛋白质变性后的最显著变化是蛋白质的溶解度降低，变性严重时甚至互相团聚发生凝结而形成不可逆凝胶。烹饪过程中发生的沉淀、胶凝、凝集和凝固、黏度增大、膨胀性减小、热缩等现象，都与蛋白质变性有关。

能使蛋白质变性的因素很多，如加热、酸、碱、盐、紫外线、有机溶剂、高压、剧烈的振荡和搅拌、研磨、微波处理等，其中加热是导致蛋白质变性最常用的手段。通常蛋白质变性的温度在40～50℃以上，以后温度每升高10℃，蛋白质变性的化学反应速度就会大大加快，甚至提高近600倍。所以温度越高，蛋白质变性所需的时间越短。不同的烹调方法，蛋白质变性所需的温度和时间是不同的。在较低温度（90～100℃）下炖煮肉类往往需要较长的时间，而在高温（150～250℃）下的炸、爆、炒、煎仅需要几分钟的时间。鲜活水产品的醉腌所利用的就是酒精能使蛋白质变性这一原理，通过酒浸，不用加热即可食用，如醉蟹、醉虾等。

知识拓展

在烹制菜肴过程中，是先放盐还是后放盐，要因菜而异。

凡是制作汤菜（如煮肉汤、炖鸡汤等）在制作前都不可先放盐，以免蛋白质迅速变性凝固，在肉表面形成一层保护层，原料的鲜味不容易析出，汤汁的味道不尽鲜美。若是制作卤菜（如盐水鸭、盐水鹅）等，则必须在制作汤卤时先将盐放入，目的就是尽量减少原料蛋白质的渗出，让原料的鲜味保留其中。烧鱼时，先用盐码味，使鱼体表面的水分渗出，加热时蛋白质变性的速度就会加快，且鱼不易碎，也有利于咸味的渗透。

第四节 烹饪原料中的蛋白质及其性能

烹饪中常见的蛋白质主要集中在肉类、蛋类、乳类、豆类和谷类食物中。

一、肌肉蛋白质

肉类是蛋白质的主要来源。肉类蛋白质主要存在于肌肉组织中，以猪、牛、羊、鸡、鸭肉等最为重要，肌肉组织中蛋白质含量在20%左右。肌肉蛋白质是肉的风味、黏着性、胶凝性、持水性、嫩度和颜色等重要功能性质的决定因素。肌肉蛋白质，可分为肌原纤维蛋白质、肌浆蛋白质、基质蛋白质三大类。

1. 肌原纤维蛋白质

肌原纤维蛋白质是构成肌原纤维的蛋白质，肌肉的伸长和收缩都是由肌原纤维的伸长和收缩引起的。这些蛋白质占肌肉蛋白质总量的50%～55%，种类包括肌球蛋白（肌凝蛋白）、肌动蛋白（肌纤蛋白）、肌动球蛋白（肌纤凝蛋白）和肌原球蛋白等至少15种以上蛋白质。其中，肌球蛋白占肌原纤维蛋白质的55%，是肉中含量最多的一种蛋白质。肌球蛋白溶于盐溶液，其变性开始温度是30℃。在屠宰以后的肉成熟过程中，肌球蛋白与肌动蛋白结合成肌动球蛋白，肌动球蛋白溶于盐溶液中，其变性凝固的温度是45～50℃。肌原纤维蛋白质不溶于水，溶于一定浓度的盐溶液，所以也称盐溶性肌肉蛋白质。

2. 肌浆蛋白质

肌原纤维之间充满了肌浆蛋白质。肌浆蛋白质呈红色，占肌肉蛋白质的30%～35%，种类包括肌溶蛋白、肌红蛋白、血红蛋白及肌粒中的蛋白等100种以上，多数可溶于中性的低盐溶液。肌溶蛋白溶于水，在55～65℃时变性凝固，肌肉可溶性蛋白质是肉中最容易提取、最容易损失的蛋白质。肌红蛋白、血红蛋白是肌肉呈红色的主要成分。肌浆中还含有可溶于水的含氮浸出物，它们是肉汤鲜味的来源，其中谷氨酸钠和呈味核苷酸是主要的鲜味物质。通常成年动物中含氮浸出物比幼小动物多。

3. 基质蛋白质

基质蛋白质系构成肌肉细胞中结缔组织的蛋白质，占肌肉蛋白质的10%～15%。基质蛋白质主要有胶原蛋白和弹性蛋白，都属于硬蛋白类，不溶于水和盐溶液。

加热温度高低和加热时间长短，对肉类蛋白质的变性影响很大。一般肌原纤维蛋白最先凝固，肌浆可溶性蛋白凝固之后，原料温度为50～60℃，此时胶原蛋白还没有明显热收缩。胶原蛋白在65℃左右会发生剧烈的热收缩现象，加重肉质的韧性，对菜肴的保形和质地产生不利影响。温度超过100℃时，肉蛋白水解反应增强，产生肉的特殊风味。所以控制好火候，急火快烹，可使肉中肌原纤维蛋白和可溶性蛋白刚好变性，而胶原蛋白收缩不明显，从而使菜肴鲜嫩滑爽。另外，如果码味时加碱或加少量盐，以增强蛋白质的水化作用，提高肉的持水力，可在一定程度上防止肉快速收缩凝固，提高肉质嫩度。

知识拓展

肉的成熟

肉的成熟过程可分为三个阶段，即僵直前期、僵直期、解僵期。动物刚刚宰杀时，其肉质呈弱碱性（pH为7.0～7.4）。之后，由于氧的供应停止，肌肉细胞中的分解酶类在无氧的条件下，将肌肉中的糖原最终分解成乳酸，与此同时，肉中的三磷酸腺苷（ATP）也逐渐减少，肉的酸度增加，这是肉的僵直前期。当pH为5.4～5.5时，达到肌凝蛋白等电点，肌凝蛋白开始因酸变性而凝固收缩，从而使肌肉呈僵硬状态，这种现象称为肉的僵直。处于僵直阶段的肉类，持水性差，无鲜肉的自然气味，烹调时不易煮烂，烹调后的风味也很差，肉汤混浊，不鲜不香，因此，僵直期不是肉类的最佳烹调时期。在自然温度条件下，僵直的肉在细胞内酶的作用下，引起蛋白质和核酸的降解，产生风味物质，乳酸和糖原进一步变化，使原有僵直状态的肉质变得柔软而有弹性，持水性提高，pH升高，肉松软多汁，带有鲜肉的自然气味，表面因蛋白凝固而形成有光泽的膜，有阻止微生物侵入的作用，味鲜而且易烹调，易于人体消化和吸收，这个阶段为解僵期，这个过程称为肉的成熟（俗称排酸）。

当肉的成熟作用完成后，肉中的生化变化就转向自溶，自溶是腐败的前奏。在溶解酶的作用下，肉类发生自体溶解，使肉中所含的蛋白质等进一步分解为分子量比较低的胺类等小分子物质，使肉带有令人不愉快的气味，肉的组织结构也变得松散，同时由于空气中的氧气与肉中肌红蛋白相互作用，使肉色发暗。处于自溶初期阶段的肉，尚可食用，但其品质已大大降低，随后该肉被微生物污染，发生腐败作用。

二、胶原蛋白

胶原蛋白分布于动物的筋、腱、皮、血管、软骨和肌肉中，约占动物蛋白质的1/3，在肉蛋白的功能性质中起着重要作用。胶原蛋白含氮量较高，不含色氨酸，甲硫氨酸含量也比较少，但含有丰富的甘氨酸（约33%），是一种不完全蛋白质。这种特殊的氨基酸组成是胶原蛋白特殊结构的重要基础。

胶原蛋白可以链间和链内共价交联，从而改变了肉的坚韧性，陆生动物比鱼类的肌肉坚韧，老动物肉比小动物肉坚韧就是其交联度提高造成的。这些交联作用使肌腱、韧带、软骨、血管和肌肉的强韧性提高。因而，含胶原蛋白多的肉类质地较硬。

天然胶原蛋白不溶于冷水、稀酸和稀碱，蛋白酶对它的作用也很弱。它在水中膨胀，可使重量增加0.5～1倍。胶原蛋白在水中加热时，由于氢键断裂和蛋白质空间结构的破坏，胶原变性水解成为明胶（或称白明胶）。明胶不溶于冷水，但加热之后可吸水软化膨胀，溶于热水中成为溶胶。明胶溶液冷却后立即凝成胶状，这就是制作肉皮冻、鱼汤冻、明胶果冻的原理。

海参、鱼翅等高档食材中的蛋白质主要是胶原蛋白。

三、鱼类蛋白质

鱼肉可食部分由横纹肌组成，肉质细嫩，是许多比较细的肌纤维蛋白的聚合体。

一般说来，鱼在僵直前或僵直中的新鲜状态下，具有强的黏性形成能力，这与肌动球蛋白的含量有关。肌动球蛋白的含量依鱼种不同而异，有的鱼死后肌动球蛋白迅速发生变化，持水力下降，黏性降低，鱼肉pH显著下降，如鲭鱼、沙丁鱼等红肉鱼类和冷水性的狭鳕鱼等。另一方面，也有不易发生肌动球蛋白变性，长期冷藏也能保持黏性形成能力的鱼类，如石首鱼类、鲨鱼类等。

鱼肉组织比畜肉组织软，其原因是鱼肉肌质蛋白中的胶原蛋白和弹性蛋白少，例如硬骨鱼约为3%，软骨鱼（如鲨鱼）不到10%，而牛肉则有25%。

鱼类蛋白质的氨基酸组成与畜禽肉相似，都是优质蛋白质，尤其是含有较多的赖氨酸。

四、乳蛋白质

乳蛋白质含有8种人体必需氨基酸，是优质蛋白，其吸收率高达97%～98%。

乳蛋白质包括酪蛋白、乳清蛋白及脂肪球膜蛋白三种蛋白质。在20℃时调节脱脂乳的

pH至4.6时从牛乳中沉淀的蛋白质称为酪蛋白；在同样条件下不沉淀的称为乳清蛋白。牛乳所含有的蛋白总量大约为3.3%，其中2.5%左右是酪蛋白，0.6%是乳清蛋白。脂肪球膜蛋白是吸附于脂肪球表面的蛋白质与磷脂质，这些物质构成了脂肪球膜。这层膜控制着牛乳中脂肪—水分散体系的稳定性。脂肪球膜蛋白对热较为敏感，牛乳在70～75℃的瞬时加热时巯基就会游离出来。

酪蛋白是乳中含量最多的蛋白质，占乳蛋白总量的80%～82%，属于结合蛋白质，是典型的磷蛋白，不溶于水。牛乳中大量的酪蛋白是以酪蛋白胶束（酪蛋白胶团）的形式存在的，在酪蛋白胶束中存在一些无机盐，其中最重要的是钙，若没有钙，胶束就会解体。酪蛋白与钙结合形成酪蛋白酸钙，再与磷酸钙构成酪蛋白酸钙-磷酸钙复合体，复合体与水形成悬浊状胶体（酪蛋白胶团）。酪蛋白胶束在牛乳中比较稳定，但经冻结或加热等处理，也会发生凝胶现象。130℃加热经数分钟，酪蛋白变性而凝固沉淀。添加凝乳酶，酪蛋白胶束的稳定性易被破坏而凝固，干酪就是利用凝乳酶对酪蛋白的凝固作用而制成的。酪蛋白胶束对pH的变化也很敏感，通过酸化和凝乳作用会沉淀或凝固。如牛奶腐败后呈现的豆花状、酸奶的制造等。

五、小麦蛋白（面筋）

将小麦粉加水和成面团，然后用水洗去面团中的淀粉、麸皮和一些可溶性物质后，会得到一小块富有弹性和延伸性的软胶体物质，这就是面筋。

面筋的主要成分是麦醇溶蛋白（麦胶蛋白）和麦谷蛋白，通常统称为面筋蛋白质。小麦面筋蛋白具有优良的黏弹性、延伸性和吸水性等特点，它的存在，赋予小麦粉在烹饪中有更多的用途和加工特性。

麦醇溶蛋白分子呈球状，具有延伸性，但弹性小；麦谷蛋白分子为纤维状，具有弹性，但延伸性小。麦醇溶蛋白质和麦谷蛋白都不溶于水，但吸水膨胀性很强。当小麦粉与水混合时，其中的面筋蛋白质吸水胀润，并通过外力的作用形成面筋网络，起着骨架作用，使得和好的面团具有良好的弹性、韧性和延伸性，能够被擀制成面条、饺子皮，还能在发酵时很好地保持发酵过程中面团中所产生的气体，从而使蒸烤出的馒头、面包具有多孔性而松软可口。

面团中加入适量的盐，可起到强化面筋的作用，但如果向面团中加入油脂、糖和高温的水，就会削弱面团的筋力，并因此形成具有不同工艺性能的面团和不同质感的特色面食品。

小麦蛋白缺乏赖氨酸，不是一种优质的蛋白质来源。但若能配以牛乳或其他蛋白，就可补其不足。

六、大豆蛋白

大豆中含有丰富的蛋白质，一般含量达30%～50%，是谷物的4～5倍，几乎是肉、蛋、鱼的2倍。大豆蛋白质的氨基酸组成与牛奶蛋白质相近，除蛋氨酸略低外，其余必需氨基酸含量均较丰富，是植物性的完全蛋白质，在营养价值上，可与动物蛋白等同。

大豆蛋白可分清蛋白和球蛋白两类。球蛋白约占大豆蛋白的90%，清蛋白约占5%。

大豆球蛋白可溶于水、碱或食盐溶液，在水中可表现为蛋白质聚集（缔合）、分散和溶解、胶凝或沉淀等变化。溶解度受pH影响很大。当pH为4.2～4.3（等电点）时，大豆蛋白质的溶解度最低。当溶液为中性或碱性时，溶解度最高。在实际操作中，多采用中性到微碱性（pH为6.5～8）的条件增加溶解度，用酸作为沉淀和凝固剂，如内酯豆腐就是以葡萄糖酸-δ-内酯作为凝固剂来制作的。大豆蛋白在一定的pH、盐离子浓度下彼此能缔合形成分子聚集状态——大豆蛋白体。大豆蛋白质分散于水中形成胶体。这种胶体在一定条件（包括蛋白质的浓度、加热温度、时间、pH以及盐类和巯基化合物等）下可转变为凝胶，浓度越高，凝胶强度越大。大豆蛋白因其优良的凝胶性质被广泛地应用于食品加工中。

豆腐是高度水化的大豆蛋白质凝胶。当大豆经浸泡、磨浆后，大豆中的蛋白质溶出，分散于水中，形成蛋白质溶胶，即生豆浆。生豆浆加热后，由于维系蛋白质分子空间结构的次级键断裂，多肽链由卷曲而伸展，蛋白质胶粒间的吸引力增大，胶粒之间发生一定程度的聚集，形成一种新的相对稳定的溶胶状分散体系——前凝胶，即熟豆浆。虽然熟豆浆中蛋白质变性并不直接凝固成豆腐，但前凝胶为进一步形成凝胶奠定了基础。在已经加热的溶胶中增加盐离子浓度，可促进分子聚合体增大，尤其是以石膏或盐卤来作凝固剂时，效果很明显。同时，盐离子使球蛋白分子去除部分水化层，增大分子间的疏水作用，产生盐析效应，从而形成凝胶，即豆腐。控制豆腐中的含水量及球蛋白的聚集程度可得到不同品质的豆制品。

第五节　蛋白质在烹调中的功能特性

蛋白质的功能特性可分四类：第一类涉及蛋白质与水的相互作用，即蛋白质的水合性质，主要包括蛋白质的吸水性与保水性、润湿性、膨润及溶胀、黏着性、分散性、溶解度和黏度；第二大类涉及蛋白质与蛋白质相互作用的性质，主要包括蛋白质的凝胶作用、弹性（面团）、质构性（蛋白质组织化）；第三大类涉及蛋白质的表面性质，主要包括蛋白质的乳化性、起泡性、成膜性、吸收气体等；第四大类涉及蛋白质的感官性质，主要包括色泽、气味、味道、适口性、咀嚼性、爽滑度、浑浊度等。表3-3所示为蛋白质在食物加工中的典型功能特性。

表3-3 蛋白质在食物加工中的典型功能

功能性质	作用方式	食物举例
溶解性	蛋白质溶解，与pH有关	饮料
持水性	以氢键结合持水	肉肠、面包、糕点
黏度	结合水，增黏	汤、卤
胶凝性	形成蛋白胶冻	肉冻、豆腐、乳酪
黏着性	作为黏着物	肉丸、肠、焙烤品
延展性	面筋，凝胶	肉、焙烤食品
乳化性	形成稳定含脂肪乳化物	肠、汤、蛋糕
脂肪吸收	和游离脂肪结合	肉肠、面包圈
风味结合	吸附、释放风味物质	人造肉、焙烤食品
起泡性	形成能够包容气体的稳定膜	蛋糕、甜食

一、水化、膨润和持水性

1. 水化

蛋白质的吸水能力称为蛋白质的吸水性。大多数的食物是蛋白质水化的固态体系，蛋白质中水的存在及存在方式直接影响着食物的质构和口感。干燥的蛋白质原料并不能直接用来烹调，须先将其水化后使用。干燥蛋白质遇水逐步水化，在其不同的水化阶段，表现出不同的功能特性。

蛋白质水化是一个渐进的过程。水分子通过与蛋白质的极性部分结合而被吸附，进一步水化，表现为蛋白质吸水充分膨胀而不溶解，这种水化性质通常称为膨润性。蛋白质在继续水化中被水分散而逐渐变为胶体溶液，具有这种水化特点的蛋白质称为可溶性蛋白。

影响蛋白质水化的因素首先是蛋白质自身的状况。蛋白质的表面积大、表面极性基团数目多以及多孔结构等都有利于蛋白质的水化。烹饪原料中含有的蛋白质浓度越大，吸收水的能力就越强。蛋白质所处的pH也会影响持水力，如动物屠宰后肌肉的pH会随肌肉的无氧糖酵解而降低到其等电点，这时的动物肌肉发生僵直，造成肌肉持水力显著降低，肉质变得僵硬，使烹饪菜肴的质量大大降低。

温度对蛋白质的水化作用取决于加热的温度和加热的时间。对蛋白质适度的加热，往往不会损害蛋白质的水化能力，高温较长时间的加热会损害蛋白质的水化能力。在烹饪中，烹制小型原料如肉丝、肉片等通常采用上浆处理，再适度加热的方法来保持蛋白质的水化能力。适度加热就是在100℃以内的热油温中快速加热，经过这样的烹饪工艺可以最大限度地保持肉丝、肉片中的水分，使烹制的食物滑润鲜嫩。对烹制较大的原料如整鸡、整鸭时，要沸水下锅，鸡、鸭表面的肌肉因骤热而收缩，使内部鲜味不易溶出，在微火中浸泡，保持鸡、鸭肉中蛋白质的水化能力，烹制的鸡、鸭肉皮爽脆肉鲜嫩。如果沸水长时间加热，就会破坏蛋白质的水化能力，使肌肉大量失水而收缩，加上沸水的沸腾振荡，造成鸡、鸭骨露肉碎，肌肉干瘪，严重影响菜肴的质量。

低浓度的盐往往增加蛋白质的水化程度，即盐溶。如炒肉丝、肉片前，加入适量的食盐经过适当的搅拌，静置几分钟，使调味料渗透入原料内部，使蛋白质发生盐溶而结合更多的水分，从而让肉质更加鲜嫩。肉丸子制作时，加入少量的食盐以提高肉馅蛋白质的水化程度，使肉丸子口感更嫩、更爽口。在高浓度的盐中，由于盐与水的相互作用大于蛋白质与水的相互作用，使蛋白质发生脱水，即盐析。咸肉、咸鱼在高浓度的盐中，使蛋白质脱水，同时在盐的高渗透压作用下，也使肌肉细胞失水，从而使肉、鱼腌制后会产生很多血水，熟制后的咸肉、咸鱼也显得干硬，但经过腌制的鱼肉，有其特有的香味和鲜味。

如果蛋白质间存在较强的相互作用，蛋白质分子间有较多的相互交联，这样的蛋白质水化后，往往以不溶性的充分溶胀的固态蛋白质块（蛋白质的膨润状态）存在，如水发后的海参、鱿鱼、蹄筋等。

2. 膨润

膨润是指蛋白质吸水后不溶解，在保持水分的同时赋予制品强度和黏度的一种重要功能特性。

蛋白质干凝胶的膨润要经历蛋白质水化过程的前几个阶段。开始为吸水阶段，蛋白质吸收的水量有限，每克干物质吸水0.2～0.3g，此时蛋白质干凝胶的体积不会发生大的变化。之后为渗透阶段，吸附的水是通过渗透作用进入凝胶内部。由于吸附了大量的水，膨润后的凝胶体积膨大。

干凝胶发制时的膨化度越大，出品率越高。干蛋白质凝胶的膨润与凝胶干制过程中蛋白质的变性程度有关。在干制脱水过程中，蛋白质变性程度越低，发制时的膨润速度越快，复水性越好，更接近新鲜时的状态。一些干货原料，用水或碱液浸泡都不易涨发，如蹄筋、鱼肚、肉皮等，这就需要先进行油发或盐发。这是因为，这类蛋白质干凝胶大都是由以蛋白质的二级结构为主的纤维状蛋白（如角蛋白、胶原蛋白、弹性蛋白）组成的，结构坚硬、不易水化。用热油（120℃左右）及热盐处理，蛋白质受热后部分氢键断裂，水分蒸发使制品膨大多孔，有利于蛋白质与水发生相互作用而水化。

3. 持水性

蛋白质的持水性是指水化了的蛋白质胶体牢固束缚住水而不丢失的能力。蛋白质保留水的能力与许多菜肴（特别是肉类菜肴）的质量有重要关系。烹饪过程中肌肉蛋白质持水性越好，意味着肌肉中水的含量较高，制作出的菜肴口感鲜嫩。

提高蛋白质的持水能力，除了避免使用老龄的动物肌肉外，还要注意使肌肉蛋白质处于最佳的水化状态，烹饪实践中可采取的方法：①尽量使肌肉远离其等电点，如用经过排酸的肌肉进行烹饪，这时肌肉的pH较高；②使用食盐调节肌肉蛋白质的离子强度，使肌肉蛋白质充分水化；③在烹饪过程中还要避免蛋白质受热过度变性导致水的流失，要做到这一点，可以在肌肉的表面裹上一层保护性物质，如淀粉糊和蛋清；④采用在较低油温中滑熟的烹饪方法来处理。

二、胶凝作用

蛋白质的胶凝作用是指在一定的条件下，变性后的蛋白质肽链相互聚集形成有规则的蛋白质三维网状结构，将水和其他物质截留其中，形成一种具有不同透明程度和不同黏弹性的凝胶的过程。

胶凝是蛋白质的重要特性之一，蛋白质胶凝现象必须在蛋白质变性的基础上才能发生，所形成的凝胶体的结构对菜肴的口感质地（如肉的老嫩）影响很大。凝胶体保持的水分越多，凝胶体就越软嫩。

很多菜肴的烹制需要应用蛋白质的胶凝作用来完成。蛋白质胶凝大致可分为以下几类：①加热后冷却产生的凝胶，这种凝胶多为热可逆凝胶，例如肉类中的肉皮冻、水晶肉、芙蓉菜，明胶溶液加热后冷却形成的凝胶等；②加热状态下产生凝胶，这种凝胶多不透明且是不可逆凝胶，例如蛋清蛋白在煮蛋中形成的凝胶；③由钙盐等二价金属盐形成的凝胶，例如大豆蛋白质形成豆腐；④不加热而经部分水解或pH调整到等电点而产生凝胶，例如皮蛋生产时碱对蛋清蛋白的部分水解、酸奶制作用乳酸发酵等。

在烹饪中采用旺火、高温、快速加热的烹调方法，如爆、炒、熘、涮等，由于原料表面骤然受到高温，表面蛋白质变性胶凝，细胞孔隙闭合，因而可保持原料内部营养素和水分不外溢。因此，采用爆、炒、涮等烹调方法，不仅可使菜肴口感鲜嫩，而且能保留较多的营养素不受损失。

如果对蛋白质的加热超过了凝胶体达到最佳稳定状态所需的加热温度和加热时间，则可引起凝胶体脱水收缩、变硬、保水性变差，嫩度降低。肉类烹饪中嫩肉加热过久会变老变硬，鱼类烹饪中为防止鱼体碎散而在下锅后多烹一段时间才能翻动，就是这个道理。另外，豆制品加工中也应用上述原理。不同品种的豆制品质地软硬要求不同，如豆腐干应比豆腐硬韧一些，所以在制豆腐干时，添加凝固剂时的豆浆温度应比制豆腐时高些，这时大豆蛋白质分子间的结合会较多较强，水分排出较多，制成豆腐干也较为硬韧。

三、乳化性与起泡性

1. 乳化性

一种或多种液体分散在另一种与它不相溶的液体中形成的体系，称为乳状液。如牛奶、蛋黄酱、冰淇淋、奶油和蛋糕面糊等都是乳状液。能使油和水不相溶的两相形成稳定的乳状液的这种物质称为乳化剂。

蛋白质是既含有疏水性基团又含有亲水性基团的带有电荷的大分子物质，因而具有乳化性。

蛋白质溶解度高，有助于形成良好的乳状液。可溶性蛋白的乳化能力高于不溶性蛋白的乳化能力。通过提高蛋白质溶解度的方法，以助于提高蛋白质的乳化能力。

2. 起泡性

在搅拌过程中，气体混入蛋白质的溶胶中形成泡沫的性质称为蛋白质的起泡性。

蛋白质的起泡性与蛋白质的浓度相关，随着蛋白质浓度的增加，起泡性有所增加。当蛋白质浓度增加到10%时则会使气泡变小，泡沫变硬。这是由于蛋白质在高浓度下溶解度变小的缘故。另外，pH、盐类、糖类和脂类都会影响蛋白质的起泡性和气泡的稳定性。

新鲜蛋品所含的卵黏蛋白较多，经过剧烈搅拌后，容易形成泡沫。当蛋品新鲜度下降后，卵黏蛋白分解成糖和蛋白质，使蛋清变得稀薄，从而影响起泡性。因此制作蛋泡糊来装点菜肴或制作糕点时，应选用起泡性强的新鲜蛋，在操作过程中需注意：①必须选择新鲜的鸡蛋；②用来制作蛋泡糊的容器、工具和蛋清液都不能沾油；③搅拌时必须朝一个方向，直至起泡；④振荡形成后的蛋泡糊不能搁置时间太长，否则会还原为蛋清。

第六节　烹调、加工对蛋白质的影响

一、热处理

热处理是最常用的烹饪加工手段，也是最有效的手段。热处理对蛋白质质量影响较大，影响的程度与结果取决于热处理的温度、时间等多种因素。

从有利方面看，绝大多数蛋白质加热后营养价值得到提高，因为在适宜的加热条件下，蛋白质发生变性后，更容易受到消化酶的作用，从而提高消化率和必需氨基酸的生物有效性。热烫或蒸煮能使酶失活，可避免酶促氧化产生不良的色泽，也可防止风味、质地变化和维生素的损失。烹饪原料中天然存在的大多数蛋白质毒素或抗营养因子均可通过加热使之变性和钝化，例如大豆中的胰蛋白酶抑制剂和胰凝乳蛋白酶抑制剂，在一定条件下加热，可消除其毒性。适当的热处理还会产生一定的风味物质，有利于制品感官质量的提高。一些氨基酸在热处理中很容易与还原糖（如葡萄糖、果糖、乳糖）发生羰氨反应，使产品带有金黄色以至棕褐色，对面包焙烤呈色起较大的作用。

但是，不适当的热处理也会产生很多不利的影响。从营养学角度考虑，蛋白质的交联等不利于蛋白质的消化吸收，也使其中的必需氨基酸损失，明显降低蛋白质的营养价值。如烧烤时，肉类的风味就是由氨基酸分解的硫化氢及其他挥发性成分组成的。这种分解在有利于烤肉制品特征风味形成的同时，也会严重损失含硫氨基酸。色氨酸在有氧的条件下加热，也会被破坏，导致蛋白质的消化性和蛋白质的营养价值显著降低。因此，蛋白质应尽可能避免高温烹饪，必需高温烹饪时宜尽可能在较短的时间内完成。

二、冷冻处理

冷冻是将温度控制在低于冻结温度之下（一般为-18℃），长期的冷冻处理会导致烹饪原料蛋白质冻结变性而被破坏，如冷冻的鱼类、肉类长时间放置，蛋白质会出现在食盐水中溶解性降低、持水力下降、肉质硬化等现象。冷冻使蛋白质变性的原因，主要是由于温度下降，冰晶逐渐形成，使蛋白质分子中的水化膜减弱甚至消失，蛋白质侧链暴露出来，同时加上冰晶的挤压，使蛋白质质点互相靠近而结合，致使蛋白质与蛋白质分子间相互聚集，凝沉变性。这种作用主要与冻结速度有关，冻结速度越快，冰晶越小，挤压作用也越小，变性程度就越小。因此，鱼、肉等烹饪原料在冷冻时，应采用快速冷冻法，以保持食物原有的风味。

肉类食品经冷冻、解冻，细胞及细胞膜被破坏，酶被释放出来，随着温度的升高酶活性增强致使蛋白质降解，而且蛋白质间的不可逆结合，代替了水和蛋白质间的结合，使蛋白质的质地发生变化，持水性也降低，但对蛋白质的营养价值影响很少。鱼肉蛋白质在经冷冻和冻藏后，肌肉会变硬，持水力也会降低，因而解冻后鱼肉变得干而坚韧，而且鱼中的脂肪在冻藏期间仍会进行自动氧化作用，生成过氧化物和自由基，再与肌肉蛋白作用，使蛋白聚合，氨基酸破坏。

三、脱水处理

烹饪原料经脱水干燥处理后重量减轻、水活度降低，稳定性增加，有利于保藏。但对蛋白质品质会产生不利影响。当蛋白质溶液中的水分被全部除去时，由于蛋白质与蛋白质的相互作用，引起蛋白质大量聚集，可导致烹饪原料的复水性降低、硬度增加、风味变差。

脱水方法不同，引起蛋白质变化的程度也不相同。热风干燥，这是一种的传统脱水方法，它以自然的温热空气干燥，经这样处理的畜禽肉、鱼肉会变得坚硬、萎缩且复水性差，烹调后感觉坚韧而无其原有的风味；真空干燥法较传统脱水法对肉的品质损害较小，因无氧气，所以氧化反应慢，而且在低温下还可减少非酶褐变及其他化学反应的发生；冷冻干燥可保持烹饪原料的原形及大小，具有多孔性，有较好的复水性能，与通常的干燥方法相比，冷冻干燥的肉类，其必需氨基酸含量及消化率与新鲜肉类差异不大，冷冻干燥是最好的保持食物营养成分的方法；喷雾干燥，由于液体食品以雾状进入快速移动的热空气而成为小颗粒，所以对蛋白质的影响较小。

四、碱处理

由于蛋白质在远离其等电点的情况下水化作用较大的原理，一些烹饪原料采用碱法发制。碱发的干货原料主要有鱿鱼、海参、鲍鱼、莲子等。碱是一种强膨润剂，膨润过度会导致制品丧失应有的黏弹性和咀嚼性，所以，碱发对制品质量影响较大，碱发过程中的品质控制非常重要。由于碱与蛋白质在加热时可能会产生有毒物质，所以碱发要控制好用碱量和涨发的时间、温度。涨发好的原料要及时用水漂净碱味，也可加入适量米醋使其酸碱中和来达到去净碱味的目的。

蛋白质在pH10以上时会发生由碱引起的变性，制作松花蛋就是利用碱对蛋白质的变性作用，使蛋白和蛋黄发生凝固的。

第七节　蛋白质与人体健康

一、蛋白质的生理功能

蛋白质是具有许多重要生理作用的物质，是生命的物质基础和存在形式，对人体具有重要的生理功能。

1. 构成和修复机体组织

蛋白质占人体总重量的16%～19%，是组成机体所有组织和细胞的主要成分。细胞中，除水分外，蛋白质约占细胞内物质的80%。人体的神经、肌肉、内脏、血液、骨骼，甚至指甲和头发，没有一处不含有蛋白质。婴幼儿、儿童和青少年的生长发育都离不开蛋白质，成年人的身体组织也在不断地分解和合成进行更新。

2. 参与调节和维持体内各种功能

蛋白质是人体内构成多种重要生理活性物质的成分，参与调节生理功能，是生命现象的执行者：构成酶或激素的成分，参与机体代谢或机体功能的调节；作为运载工具参与机体内物质的运输；作为抗体或细胞因子参与人体的免疫调节；调节渗透压。

3. 供给能量

在糖类和脂类供给量不足，或当食物中蛋白质的氨基酸组成和比例不符合人体的需要，或摄入蛋白质过多超过身体合成蛋白质的需要时，多余的蛋白质就会被当作能量来源氧化分解放出热能。

二、蛋白质与人体健康

人体蛋白质不足，主要表现为消瘦、疲乏无力、腹泻、贫血、血浆蛋白质浓度低下、营养性水肿、皮肤干燥粗糙、毛发枯黄等。儿童还会出现生长发育迟缓、智力发育障碍等。

但是，蛋白质绝非越多越好。蛋白质被摄入后，在给人体带来好处的同时，也会产生一些代谢废物。人体的肾脏是个“过滤器”，它专门处理体内那些由食物产生的代谢废物。高蛋白质食物吃得越多，代谢废物就会越多，肾脏的工作量也就越大。这对健康的年轻人或许没有问题，但对高血压、糖尿病、动脉硬化的患者以及肾功能已经减退的人来说，这样的饮食习惯会缩短其肾脏的寿命。另外，动物性蛋白质的摄取量过多，会加速体内的钙在尿中的排泄，进而引起骨质疏松等症。长期过多吃瘦肉或其他高蛋白食物时，体内会产生过多的尿酸，容易引发痛风，还可能引起泌尿系统结石。

巩固提高练习

一、自测或练习

1．对人体而言，必需氨基酸有哪几种？

2．蛋白质有完全蛋白质、半完全蛋白质和不完全蛋白质之分，哪些食材的蛋白质通常是完全蛋白质，又有哪些食材蛋白质是不完全蛋白质？举例说明。

3．烹饪过程中发生的哪些现象与蛋白质变性有关？

4．蛋白质能以稳定的胶体存在的主要原因是什么？

5．胶原蛋白主要分布于哪些烹饪原料中？其性质和营养价值怎样？

6．小麦粉为什么能加工成各式馒头、面包和面条，而大米粉却没有同样的性能？

7．豆腐、咸鸭蛋、松花蛋制作的基本原理一样吗？

8．为使肉类菜品口感鲜嫩，提高蛋白质持水能力，锁住肉内水分至关重要，烹饪实践上通常有哪些方法？其烹饪化学依据是什么？

9．蛋白质的胶凝作用与菜肴质量关系密切，旺火爆炒、小火慢炖分别会对肉类蛋白质的胶凝作用产生怎样的影响？

10．鸡蛋的起泡性在烹饪上常常利用，提高鸡蛋的起泡性，要注意些什么问题呢？

11．长时间的冷冻处理，会对冻肉的质量产生怎样的影响？

二、实践与探究

1．历史溯源

了解豆腐发明简史，豆腐制作原理和工艺要点。

2．原理解释

（1）热豆浆为什么会在加酱油后发生凝结，而加白糖却不会？

（2）熟鸭蛋和熟咸鸭蛋，为什么前者蛋黄不出油而后者通常会出油？

（3）为什么烹制白切鸡要沸水下锅，而炖鸡汤时要冷水下锅？

（4）为什么烹制前经食盐或小苏打腌渍处理的肉类，烹制后的肉质更嫩更软？

3．动手实践

通过查找资料等方法，学习酸奶制作方法，有条件时可自做一次，加深对蛋白质相关性质的理解。

4．深度探究

多吃猪皮、牛筋，甚至鱼翅、海参等富含胶原蛋白的食物，能改善人的肤质和美容养颜吗？

5．参观见习

有条件时，参观食品、农产品质量检验检测机构，观摩、见习食品、农产品蛋白质含量的凯氏定氮法检测过程。

第4章 糖类

◎ 学习目标

1 熟悉葡萄糖、果糖、蔗糖、麦芽糖和淀粉的组成、结构

2 懂得甜度、转化糖、糖醇、糖苷、膳食纤维等基本概念

3 掌握焦糖化反应、羰氨反应，糊化、老化在烹饪中的重要作用

4 能理解并解释各种糖类在烹饪中的应用原理

5 了解淀粉、抗性淀粉、真菌多糖等与人体健康的关系

糖类，也称碳水化合物，它是多羟基醛或多羟基酮及其缩聚物和衍生物的总称。糖类与脂肪、蛋白质构成生物界的三大基础物质，是自然界含量最丰富的有机物。糖类由碳、氢、氧三种元素组成。

根据单糖的聚合度，糖类可分为单糖、低聚糖和多糖三类。

（1）单糖　不能再水解的简单的糖，如葡萄糖、果糖、半乳糖等。

（2）低聚糖　又称寡糖，由2~10个单糖分子聚合而成的糖，最常见的是双糖，如蔗糖、乳糖、麦芽糖等。

（3）多糖　由10个以上单糖分子缩合而成的高分子聚合糖，如淀粉、糖原、糊精、纤维素、半纤维素和果胶等。

第一节　单糖和低聚糖

一、分子结构

（一）单糖

单糖是糖类的基本单位，是不能再被水解的多羟基醛或多羟基酮。现已发现的天然单糖有200多种，而以五碳（戊糖）、六碳（己糖）单糖最多见。大多数单糖在生物体内是呈结合状态的，仅葡萄糖和果糖等少数单糖呈游离状态存在。

1. 葡萄糖

葡萄糖是单糖中最重要的一种，可用开链结构和环状结构表示。

2. 果糖

果糖是自然界中唯一存在的己酮糖，同样可用开链结构和环状结构表示。

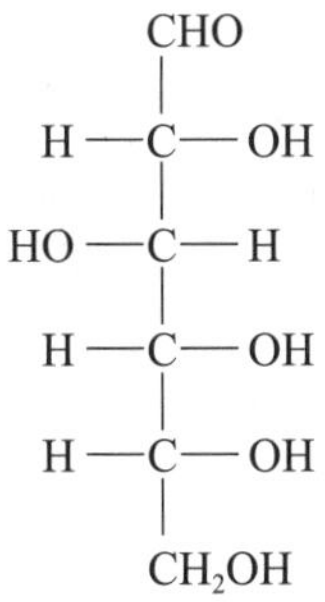

葡萄糖的开链结构 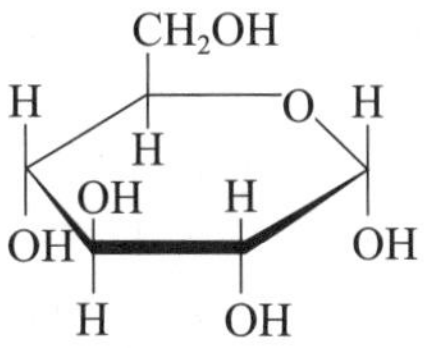　　葡萄糖的环状结构

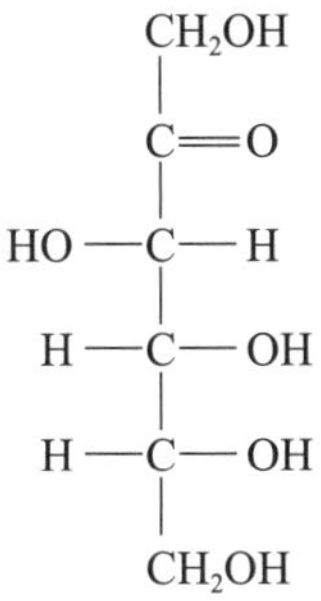

果糖的开链结构 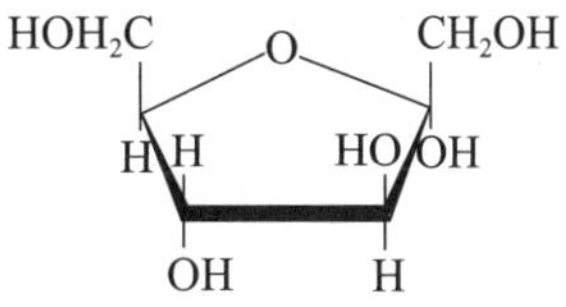　　果糖的环状结构

（二）低聚糖

低聚糖，在烹饪原料中最常见的是双糖，主要有蔗糖、麦芽糖、乳糖等，其中的蔗糖又是烹饪中应用最广泛的甜味剂，它有提鲜、消腻、去腥、解膻的功效，可用于制作甜菜点或甜味较重的菜点，还用于复合怪味等菜点。

1. 蔗糖

烹饪中常用的绵白糖、白砂糖、红糖、冰糖的主要成分均是蔗糖。蔗糖摄入人体后，在小肠中因蔗糖酶的作用，水解生成葡萄糖和果糖而被人体吸收。

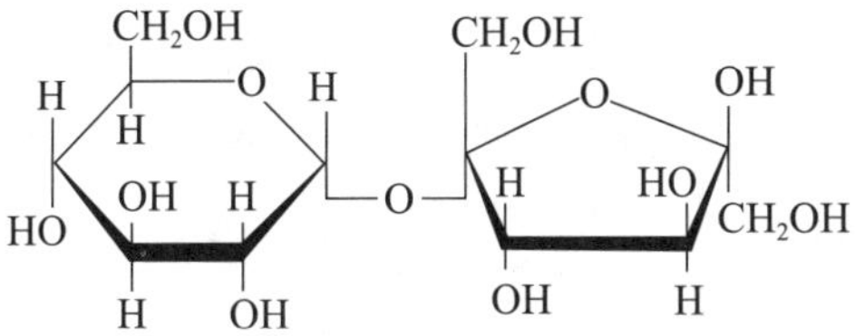

蔗糖的结构式

2. 麦芽糖

麦芽糖在谷类种子发芽时才大量产生，尤以麦芽中含量最多，所以称为麦芽糖。人体唾液、胰液中含淀粉酶，能将淀粉水解成麦芽糖，麦芽糖经麦芽糖酶水解形成两分子葡萄糖后，才能被人体吸收。

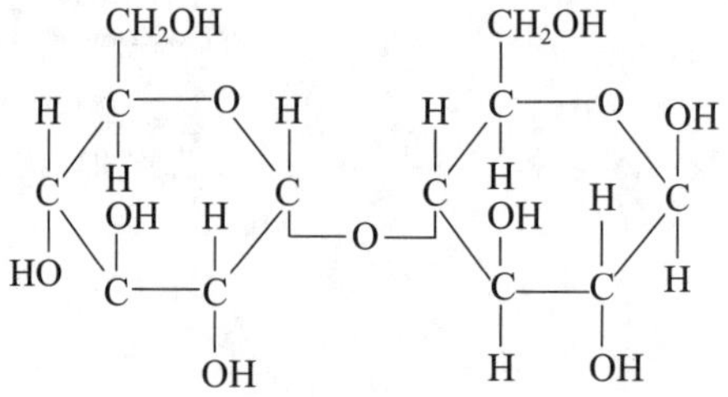

麦芽糖的结构

二、理化性质及其在烹饪中的应用

（一）物理性质

1. 溶解性

烹饪中常用的单糖和低聚糖因分子中含有较多的羟基而都能溶于水，但不同的糖溶解度有所不同。同一温度下，果糖在水中的溶解度最大，其次是蔗糖、葡萄糖、乳糖等。溶解度随温度升高而增大。

糖的溶解度大小与其水溶液的渗透压密切相关。含糖食品，随着糖浓度的提高，其渗透压加大，水分活度降低，可抑制霉菌、酵母菌等微生物的生长繁殖，提高食品的保存性。这就是蜜饯、果脯和月饼等甜点有较长保质期的原因所在。

2. 吸湿性、保湿性

吸湿性是指是糖在空气相对湿度较高时吸收水分的性质；保湿性是指糖在空气相对湿度较低时保持原有水分的性质。这两种性质对于保持食品的柔软性、弹性和储存等有着重要意义。

不同的糖吸湿性不同，果糖、转化糖的吸湿性最强，葡萄糖、麦芽糖次之，蔗糖较小。因此，面包、糕点制作时可用转化糖、玉米糖浆、饴糖、蜂蜜等吸湿性较强的糖作为甜味剂，有利于制品质感的保持。

3. 甜度

甜味的高低称为甜度。一般以蔗糖为标准，设蔗糖的甜度为1，其他各种糖类的甜度见表4-1。

表4-1 主要糖类的相对甜度

糖类名称	相对甜度	糖类名称	相对甜度
蔗糖	1	乳糖	0.4
果糖	1.5	山梨醇	0.5
葡萄糖	0.7	木糖醇	1.0
转化糖	1.3	淀粉	0
麦芽糖	0.5	纤维素	0

甜度是糖的重要性质。单糖都有甜味，多数低聚糖也有甜味，多糖则无甜味。

烹饪加工中，常添加适量食糖以提高成菜的色和味。如制作蜜汁菜（如蜜汁山药、蜜汁红枣）时，用白糖、蜂蜜制成浓汁淋浇其上，具有蜜汁作用；制作糖醋菜肴（如糖醋里脊、糖醋鱼片）时，糖和醋以适当比例混合，可产生类似水果的酸甜味；制作醋熘菜肴、酸辣菜肴时，蔗糖可以缓解酸味，具有增鲜提味的作用。

4. 再结晶

蔗糖和葡萄糖易结晶，果糖和转化糖难结晶。

蔗糖溶液在过饱和时，不但能形成晶核，而且蔗糖分子会有序地排列，被晶核吸附在一起，从而重新形成晶体，这种现象称作蔗糖的再结晶。烹饪中挂霜菜肴如挂霜丸子、挂霜面包片等的制作就依据于此。将白糖用少量油或水熬化，水分熬尽至挂霜火候时，投入主料，翻勺粘匀原料，冷却后外层凝结成霜。

5. 熔融

当蔗糖加热到其熔点时，蔗糖分子不再形成结晶，而形成非结晶态的熔融无定形状态——玻璃体，此时黏度大增可起丝。此时的糖液可用来制作拔丝苹果、拔丝土豆等拔丝类菜肴，成菜外皮呈微黄色，酥脆甜香。

（二）化学性质

1. 水解反应

单糖不能再被水解，低聚糖在酸或酶的作用下可以水解成单糖。

蔗糖在稀酸或转化酶的作用下水解，生成等量的葡萄糖和果糖，这两种糖的混合物称作转化糖。转化糖，甜度比蔗糖大。

2. 焦糖化反应

糖类在没有含氨基化合物存在的情况下，加热至熔点以上的高温时，会生成黑褐色的色素物质，这一反应称为焦糖化反应。

各种糖类，因其熔点不同，焦糖化反应的速度有所不同，果糖熔点最低，反应速度最快。焦糖化反应在酸、碱条件下都可以进行，但在碱性条件下反应速度更快。

焦糖化反应的产物有两类：一类是糖的脱水产物，即焦糖（或称酱色）色素；另一类是裂解产物，即一些挥发性醛、酮类物质，形成特殊气味。

在焙烤、烧烤、油炸食品时，焦糖化反应控制得当，可以产生诱人的金黄色和黄褐色，并产生令人愉快的焦香味。如烤面包时在其表面刷上一层糖液，烘烤后成品香气浓郁，表面金黄，色泽美观诱人。再如制作“北京烤鸭”时，需用饴糖涂在鸭皮上。等糖液晾干后再进烤炉内，稀释的饴糖能封住鸭子的毛孔，使之表面光滑。烤时脱水变脆，形成酥脆的特色。在烤的过程中，糖的颜色因焦糖化反应而发生变化，使得烤出来的鸭皮颜色深红、光润，皮脆肉味鲜美，香味扑鼻。

3. 羰氨反应

羰氨反应是指羰基与氨基经缩合、聚合生成褐色色素（又称为类黑色素）的反应。因1912年法国化学家美拉德首先发现，因此也被称作美拉德反应。

几乎所有含羰基和氨基酸的食物在加热条件下均能发生羰氨反应。糖类是典型的羰基化合物，各类食品几乎都含羰基化合物（来源于糖类或油脂酸败产生的醛、酮）和氨基酸（来源于蛋白质），因此羰氨反应在烹饪、食品加工过程中经常发生，它是食物在加热或长期储藏后发生褐变的主要原因，它的反应产物是菜肴、食品色泽和风味的主要来源。如烤面包产生的金黄色、烤肉产生的棕褐色、酱油的棕黑色、啤酒的黄褐色等都与此相关。

羰氨反应过程十分复杂，羰氨反应的产物种类多样。

影响羰氨反应褐变作用的主要因素有：烹饪原料的成分、温度、水分、酸度和氧等。羰氨反应对食物营养的主要影响是氨基酸因形成色素复合物和在褐变反应中的破坏而造成损失。色素复合物不能被消化利用。组成蛋白质的氨基酸中，最容易在褐变反应中损失的是赖氨酸，而赖氨酸恰恰是许多蛋白质中的限制性氨基酸，所以它的损失对蛋白质营养的影响往往是很大的。

4. 其他重要反应

（1）氧化反应

葡萄糖、果糖、麦芽糖、乳糖等糖，都能和银氨试剂起银镜反应；跟费林试剂反应生成氧化亚铜红色沉淀，可用于糖尿病人的尿糖检验。这些易被碱性弱氧化剂氧化的性质说明它们具有还原性，因此，葡萄糖、果糖、麦芽糖和乳糖等糖又称还原糖。

（2）成苷反应

单糖分子中的半缩醛羟基与另一分子醇羟基作用时，脱去一分子水而生成缩醛。糖的这种缩醛称为糖苷。糖苷在中性或碱性环境中较稳定，但在酸性溶液中或在酶的作用下，则水解生成糖和非糖部分。

糖苷在自然界分布很广，种类很多。如烹饪中作为调味料用的白芥子、黑芥子，其中就含有糖苷类物质，经水解后可形成强烈芳香气味的异硫氰酸盐（俗称芥子油），同时它们还是中药材，可用来治病。又如银杏果（白果）和杏仁，其中含有氰糖苷（苦杏仁苷），经水解后可生成氢氰酸、甲醛和葡萄糖，而氢氰酸剧毒，所以必须煮透后才可食用并且一次不可吃太多。

三、与烹饪相关的单糖和低聚糖

1. 葡萄糖

葡萄糖是构成各种糖类的最基本单位。血液中的葡萄糖是直接能被利用的能源，葡萄糖在人体内参与生物氧化可释放能量供机体利用。在人体禁食情况下，葡萄糖是体内唯一游离存在的单糖。在水果、蜂蜜以及多种植物液中也都以游离形式存在。

2. 果糖

果糖主要存在于水果和蜂蜜中。果糖很容易消化，适于幼儿食用；它不需要胰岛素的作用，能直接被人体代谢利用，适于糖尿病患者食用。

3. 糖醇

在天然的蔬菜、水果之中，存在有少量的糖醇类物质，如山梨醇、甘露醇和木糖醇等。

糖醇可防龋齿，又因其代谢不受胰岛素调节，不升高血糖而作为糖尿病患者的蔗糖替代品。作为蔗糖替代品时，多为人工合成。

4. 蔗糖

为无色透明的单斜晶型的结晶体，纯净蔗糖的熔点为185～186℃，商品蔗糖的熔点为160～186℃。易溶于水而较难溶于乙醇，在水中的溶解度随着温度的升高而增加。甜味仅次于果糖。可被酵母菌利用而加快繁殖与发酵的速度。不具还原性。蔗糖是烹饪重要的甜味剂、着色剂和风味增进剂，有着广泛的应用。

5. 麦芽糖

白色针状结晶，熔点为160～165℃，易溶于水而微溶于乙醇，甜度为蔗糖的46%。因分子中仍保留了一个半缩醛羟基，所以它是典型的还原性糖。在面团发酵时，麦芽糖被麦芽糖酶水解生成两分子葡萄糖，是酵母菌生长所需的养料。麦芽糖是饴糖的主要成分，饴糖可用于烤鸭、烤鸡时上糖色，还可制作甜点，如蜜食、百子糕等。

6. 乳糖

乳糖是哺乳动物乳汁中的主要糖分，人乳中乳糖含量5%～7%，牛羊乳中含量4%～5%。为白色结晶，在水中的溶解度较小，相对甜度仅为蔗糖的39%。有还原性，不能被酵母菌发酵，但能被乳酸菌发酵生成乳酸。在面包制作时加入乳糖，在烘烤时因发生羰氨反应而使面包皮呈金黄色，并散发出特有的香气。乳糖的存在可以促进婴儿肠道中双歧杆菌的生长，促进钙的吸收。一些成年人体内因缺少乳糖酶而导致乳糖不耐症，导致喝牛奶容易拉肚子。

7. 棉籽糖和水苏糖

棉籽糖和水苏糖存在于豆类中，这两种糖都不能被肠道消化酶分解而消化吸收，但在大肠中可被肠道细菌代谢，产生气体和其他产物，造成胀气，称“胀气因子”。大豆通过加工制成豆制品，胀气因子可被除去。

8. 海藻糖

海藻糖在食用菌中含量较多，约占糖类含量的3%，是食用菌的甜味成分，因此也称菌糖。当菇类成熟时，海藻糖就水解为葡萄糖，作为子实体呼吸作用的基质，所以食用菌在储藏过程中糖类物质容易损失。

第二节　多糖

烹饪原料中常见的多糖有三种，即淀粉、纤维素和糖原。

一、淀粉

淀粉是大米、小麦粉、玉米、马铃薯、甘薯、莲藕、莲子、芡实等多种植物性烹饪原料的重要成分，是人类热能的主要来源。

淀粉为白色粉末状颗粒，无味、无臭，相对密度1.56。颗粒大小和形状因来源不同而各异，颗粒最大的是马铃薯淀粉，最小的是稻米淀粉；颗粒形状有圆形、椭圆形、多角形等多种。

1. 淀粉的种类、结构与特性

按分子结构的不同，淀粉可以分为直链淀粉和支链淀粉两类。

（1）直链淀粉　直链淀粉是葡萄糖基通过α-1,4糖苷键连接而成的链状分子。相对分子质量在6万左右，相当于由300～400个葡萄糖分子缩合而成。链状分子卷曲呈螺旋状。

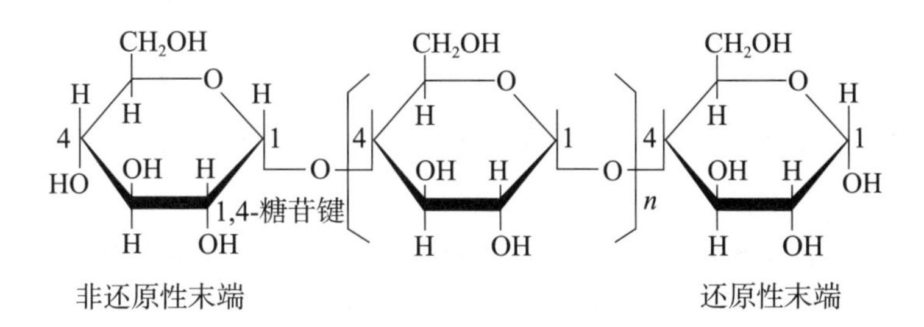

（2）支链淀粉　支链淀粉是葡萄糖基通过α-1,4-糖苷键连接构成主链，支链通过α-1,6-糖苷键与主链连接。相对分子质量在5万至100万之间。主链较长，在主链上分出许多分支，呈树枝状结构（图4-1）。

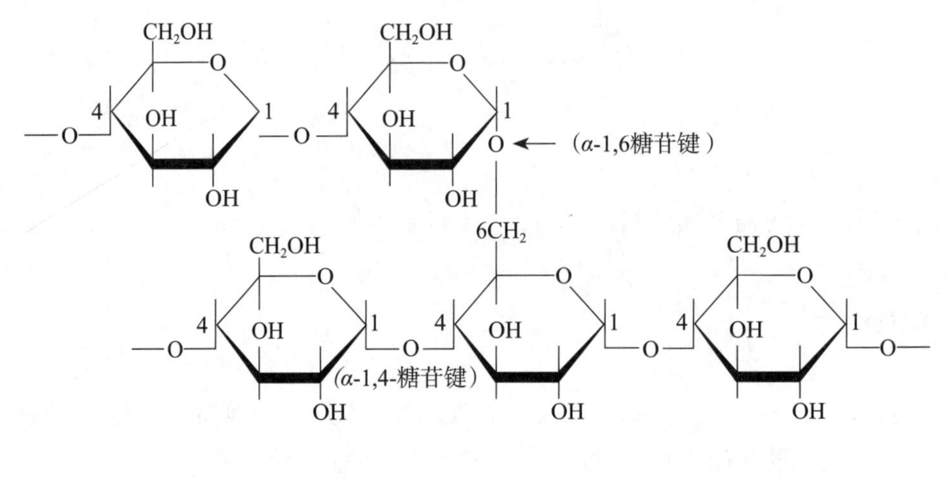

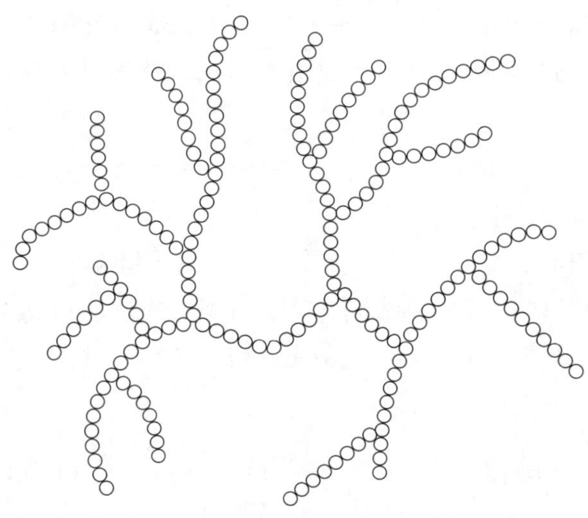

图4-1　支链淀粉结构示意图（每个圆圈代表一个葡萄糖单位）

普通大米淀粉由15%～30%的直链淀粉和70%～85%的支链淀粉组成，糯米、糯玉米淀粉则几乎全部由支链淀粉组成。直链淀粉胀性大而黏性小，支链淀粉胀性小而黏性大，因而，含支链淀粉多的大米，黏性较大，柔软可口，即使米饭冷却后仍能保持柔软状态。优质大米一般都含有较多的支链淀粉。

淀粉在酸或酶的作用下水解，经过生成糊精、麦芽糖等中间产物，最后全部生成葡萄糖。直链淀粉与支链淀粉的主要性质见表4-2。

表4-2 直链淀粉与支链淀粉的主要性质

类型	分子构成	分子形态	溶解性	与碘反应	糊化性	老化性
直链淀粉	由葡萄糖以α-1,4-糖苷键缩合而成	直链卷曲呈螺旋状，无分支或少量分支	不溶于冷水，可溶于热水	呈蓝色	难糊化	易老化
支链淀粉	由葡萄糖以α-1,4和α-1,6-糖苷键缩合而成	聚合体近似球状，具有树枝状结构，每个分支卷曲呈螺旋状	不溶于水，只在热水中溶胀	呈紫红色	易糊化	不易老化

2. 淀粉糊化及其在烹饪中的应用

（1）淀粉糊化的概念　天然淀粉又称β-淀粉，其分子排列规律且细密，呈晶体结构，因此不溶于水，淀粉酶难以分解。当淀粉与水共热时，淀粉粒吸水膨胀直至细胞壁破裂，晶体结构被破坏，分子排列变得混乱无规则，易被淀粉酶分解，β-淀粉变成了α-淀粉，这个从β-淀粉向α-淀粉的转变过程称为淀粉的糊化。淀粉在糊化前后的结构变化见图4-2。

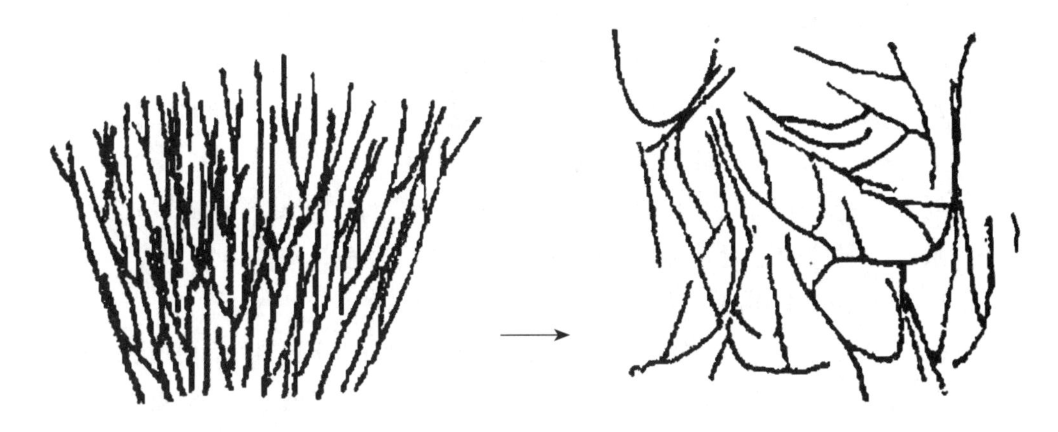

图4-2　淀粉糊化前后的结构变化

淀粉糊化经过三个阶段：可逆吸水阶段、不可逆吸水阶段和颗粒解体阶段。

①可逆吸水阶段：淀粉颗粒吸收少量的水分附着于结晶体的表面，重新干燥可去水复原。

②不可逆吸水阶段：淀粉与水处在受热条件下，水分子逐渐进入淀粉颗粒内的结晶区域，化学键断裂，淀粉颗粒内结晶区域则由原来排列紧密的状态变为疏松状态，使得淀粉的吸水量迅速增加，体积急剧膨胀，其体积可膨胀到原始体积的50～100倍。重新干燥，淀粉也不会完全恢复到原来的结构。

③颗粒解体阶段：温度继续升高，淀粉颗粒继续吸水膨胀。当体积膨胀到一定限度后，颗粒便出现破裂现象，淀粉颗粒解体形成淀粉糊。

使淀粉颗粒解体的温度称为糊化温度。不同来源的淀粉，其糊化温度见表4-3。

表4-3 几种常用淀粉的糊化温度 单位：℃

名称	开始膨胀	糊化开始	糊化终了
小麦淀粉	50	65	67.5
大米淀粉	53.5	58.5	61.2
玉米淀粉	50	55	62.5
马铃薯淀粉	46.2	58.7	62.5

（2）淀粉糊的性质

①热黏度：淀粉达到完全糊化后的黏度称为热黏度。热黏度高，有利于菜肴的成形。

②热稳定性：淀粉糊化达到最高黏度后，继续加热所呈现的黏度稳定性。黏度下降越多，表明其热稳定性越差。热稳定性好的淀粉糊能使汤汁与原料融为一体。

③透明度：淀粉达到完全糊化后的透明程度。透明度越高，菜肴越光亮明洁。

④糊丝：指淀粉糊化后形成的糊状体，拉出的长短不同的糊丝。黏性和韧性较大的淀粉糊，能拉出长糊丝，并容易和菜肴相互黏附。

⑤胶凝性：冷却、回生能产生凝胶，可用来制作粉丝、粉皮和凉粉等。这些淀粉制品可作为烹饪原料，用拌、烧、烩、氽等方法制成各种菜肴。

（3）淀粉糊化在烹饪中的应用

①挂糊、上浆：烹饪原料经挂糊、上浆或拍粉后，在高油温下原料的表面就形成了一层具有黏结性的保护层，对原料中的营养成分起着保护作用，并使菜肴酥脆、滑嫩或松软。如醋熘鳜鱼，鳜鱼挂上水淀粉糊，经油炸制后，鱼体表面的淀粉层既保护了鱼体中的营养成分，又使外部达到了酥脆的质感，调味汁易于渗透到鱼体内部，保证了菜肴外酥脆里鲜嫩的要求。挂糊、上浆的淀粉原料基本相同，应选用淀粉颗粒大、吸水力强、糊化温度低、淀粉黏度高、透明度好的淀粉，如马铃薯淀粉。

②勾芡：烹饪中芡汁在汤汁沸腾时淋入，由于热的作用，淀粉颗粒吸水膨胀，形成黏性很高的糊化液，与原料融为一体。勾芡时要选用热黏度高、稳定性好、糊丝长度大、胶凝能力强的淀粉，如绿豆淀粉。

（4）影响淀粉糊化的因素

①淀粉颗粒大小：颗粒大的淀粉糊化温度较低，反之较高。粮谷类淀粉中，马铃薯的淀

粉颗粒最大，糊化温度最低，大米的淀粉颗粒最小，糊化温度较高。

②水分含量：水分在30%以上，淀粉充分糊化；低于30%，则糊化不完全。

③直链淀粉与支链淀粉比例：直链淀粉高的淀粉，糊化温度高，相对较难糊化。

④碱：碱可促进淀粉糊化，如煮稀饭时加碱可使稀饭变得更加黏稠。

⑤盐：当有氯化钙、α-淀粉酶存在时，可大大降低淀粉粒的糊化温度。

⑥脂类：脂质与直链淀粉形成复合体，抑制糊化及膨润。

3. 淀粉老化及其在烹饪中的应用

（1）淀粉老化的概念　淀粉老化也称回生，是淀粉糊化的逆过程，它是指糊化后的淀粉（即α-淀粉）处在较低温度下，已经溶解膨胀的淀粉分子重新排列组合，形成一种类似天然淀粉结构的物质（β化），从而出现不透明，甚至凝结或沉淀的现象。简而言之，就是α淀粉β化。

米饭、馒头、面包放置一段时间后会变硬和干缩；凉粉变得硬而不透明，这些都是淀粉老化所致。

（2）老化淀粉的特点　老化意味着食用品质、营养品质的下降，如黏度降低，由松软变为发硬，口感变差，即使再加热也恢复不了老化前的状态。由于老化后的淀粉酶的水解作用受到阻碍，消化率也随之降低。

（3）影响淀粉老化的因素

①淀粉的种类：直链淀粉比支链淀粉易老化，玉米≥小麦≥甘薯≥土豆＞黏玉米。

②温度：2～4℃时最易老化，高于60℃或低于−20℃，都不易发生老化。为防止淀粉的老化，常将淀粉食物迅速降温至−20℃左右，淀粉分子间的水分迅速形成冰晶体，从而阻碍淀粉分子的相互靠近。

③含水量：含水量为30%～60%最易老化。含水量大于60%时，老化变慢；含水量小于10%时基本不老化，如饼干、方便面等。

④pH：pH＞8或＜pH4都不易老化，但口感不好。

⑤共存物：如蔗糖、乳化剂等的存在，可阻碍淀粉分子交联凝聚，从而阻止淀粉老化。

⑥糊化程度：糊化程度高不易老化。糊化不完全，存在晶核是老化的开始。

（4）淀粉老化在烹饪中的应用　一般来说，在烹饪和食品加工过程中，都应避免已糊化的淀粉发生老化，如方便面的制作。但某些情况下却需要利用淀粉的老化，如粉丝、粉皮、龙虾片的加工。

知识链接

方便面、粉丝的制作原理

老化，也称回生，它是一个淀粉分子结构的重新排列过程，需要一定的时间。方便面制作时，面饼在经蒸熟、成形后进行瞬间脱水干燥，在较短的时间内将面饼所含的水分降低至10%以下，使其没有时间、没有介质进行分子重排而回生，仍然保持淀粉的熟化状态，因而食用时只需加入热水，使面条恢复柔软可口状态即可食用；而粉丝、粉皮、龙虾片的加工则利用老化来提高产品的品质，因为只有经过老化的粉丝才具有较强的韧性，表面产生光泽，加热后耐煮不易断裂，口感有嚼劲。制作时设有回生工序，保证足够的时间和适宜的水分使淀粉充分β化，同时选择含易于老化的直链淀粉多的豆类淀粉为原料，以绿豆淀粉为最佳。

二、纤维素与膳食纤维

1. 纤维素

纤维素是植物细胞壁的主要成分，在植物体内起着支撑的作用。

纤维素是白色物质，不溶于水，也极难溶于一般有机溶剂，但吸水膨胀。纤维素性质稳定，无还原性，比淀粉难水解，需要在浓酸或用稀酸并加压条件下才能水解，最终产物是葡萄糖和纤维二糖。

人的消化系统中没有纤维素水解酶，因而人体不能消化利用纤维素。而某些细菌中含有纤维素酶，可使纤维素水解生成葡萄糖。牛、羊等反刍动物的胃里含有这类细菌，因而牛、羊吃草也可以长肉产奶。

2. 膳食纤维

膳食纤维，是植物性食物中含有的不能被人体消化酶分解利用的多糖，包括纤维素、半纤维素、果胶及亲水胶体物质（如树胶、海藻多糖）和非多糖成分木质素等。

近年来又将一些非细胞壁的化合物，即一些也不被人体消化酶所分解的物质，如抗性淀粉及抗性低聚糖、美拉德反应的产物以及来源于动物的不被消化酶所消化的物质如氨基多糖（也称甲壳素）等也列入膳食纤维的组成成分之中。

根据对水的溶解性能不同，膳食纤维有水溶性和不溶性之分。

膳食纤维中，除纤维素以外的其他成分的性质、特点如下。

（1）半纤维素　比纤维素易于被肠道细菌分解。谷类中可溶性的半纤维素可形成黏稠的水溶液并具有降低血清胆固醇的作用。大多数的半纤维素为不溶性的，也起一定的生理功效。

（2）果胶　它是一种无定形的物质，存在于水果和蔬菜的软组织中，可形成凝胶和胶冻，在热溶液中溶解，在酸性溶液中遇热形成胶态。

未成熟的果实细胞含有大量原果胶，它是未成熟的果实组织坚硬的主要原因。随着果实成熟，原果胶水解成可溶于水的果胶，并渗入细胞液内，果实组织变软而有弹性。最后，果胶生成果胶酸，植物的落叶、落花、落果等现象均与果胶酸的变化有关。

（3）真菌多糖

真菌多糖属于可溶性膳食纤维，广泛存在于香菇、金针菇、银耳、蘑菇、黑木耳、猴头菇、灵芝、冬虫夏草等食用或药用菌中，具有提高人体免疫力、抗肿瘤、抗衰老等作用。

知识链接

果胶对腌菜质量有重要的影响。在腌制咸菜过程中，果胶可与水中的钙生成果胶酸钙。果胶酸钙的生成，可使腌制成的萝卜、黄瓜等蔬菜质地脆嫩、爽口。同理，经长时间水泡后的藕片、马铃薯片和甘薯片不易煮烂，也与有果胶酸钙的形成有关。

果胶是植物细胞壁的成分之一，在果蔬中有着广泛分布。

（4）树胶　主要成分是葡萄糖醛酸、半乳糖、阿拉伯糖及甘露糖所组成的多糖。它可分散于水中，具有黏稠性，可起到增稠剂的作用。

（5）木质素　木质素不是多糖类物质，因存在于细胞壁中难以与纤维素分离，因而在膳食纤维的组成成分中包括了木质素。人和动物均不能消化木质素。

（6）抗性淀粉　抗性淀粉是一类具有膳食纤维特性的淀粉，是健康人小肠中不能被消化吸收的淀粉及淀粉降解物的总称。抗性淀粉是双歧杆菌、乳酸菌等益生菌繁殖的良好基质，不仅提供非常低且持久的能量，其饱腹作用也较持久。增加富含抗性淀粉成分的食物（如红薯、玉米、芋头等）在餐桌上的比例，可起减肥、瘦身的功效。

三、糖原

糖原是动物的储藏养料，是一种动物多糖，存在于肝脏和肌肉中。肝脏中的糖原分解后进入血液，供身体各部分物质和能量的需要；肌肉中的糖原是肌肉收缩所需能量的来源。畜禽种类不同，糖原的含量也各不相同，兔肉及马肉中的含量最多。动物被屠宰后，体内所含糖原随时间的延长逐渐减少。以牛肉为例，最初含糖原0.71%，在室温下放置4h后则减至0.32%。

第四节　糖类与人体健康

一、糖类的生理功能

1. 储存和供给能量

葡萄糖是人体生命活动最安全最经济的能源。糖原是动物体内葡萄糖的储存形式，糖原贮存的主要器官是肝脏和肌肉组织。一旦机体需要，肝糖原分解为葡萄糖进入血液，提供机体尤其是红细胞、脑和神经组织对能量的需要。肌糖原只供给自身的能量需要。体内的糖原贮存只能维持数小时，必须不断从膳食中得到补充。

2. 构成组织

人体所有的神经组织、细胞和体液中都有糖。如结缔组织中的黏蛋白、神经组织中的糖脂及细胞膜表面具有信息传递功能的糖蛋白，它们都是一些低聚糖复合物。另外DNA和RNA中含有大量的核糖，在遗传中起着重要作用。

3. 节约蛋白质

当体内糖类供给不足时，机体为了满足自身的能量需要，会消耗体内如肌肉、肝、肾、心等蛋白质，从而对人体及各器官造成损害。运用食物蛋白质来提供能量也是不合理或有害的。摄入充足的糖类，可免于蛋白质通过糖异生作用为机体提供能量，有利于发挥蛋白质特有的生理功能。

4. 抗生酮

食物中糖类不足，机体会动用储存的脂肪来供能。若动用脂肪过多，其代谢不完全，产生过多的酸性酮体，引起酮血症或酮尿症（糖尿病人存在此种现象）。膳食中充足的糖类可防止酮症酸中毒现象的发生，起到抗生酮作用。

5. 保肝解毒

肝脏储备有较丰富的糖原时，对某些细菌毒素和化学毒物如四氯化碳、酒精、砷等都有解毒能力。

二、膳食纤维的生理功能

1. 通便

膳食纤维能吸水膨胀，使肠道内容物体积增大，并变软变松；同时膳食纤维还能促进肠道蠕动，缩短肠道内容物通过肠道的时间，能起到润便、预防便秘和痔疮的作用。

2. 降糖

膳食纤维吸水膨胀后呈凝胶状，可增加食物的黏滞性，延缓食物中葡萄糖的吸收，同时增加饱腹感，使糖的摄入减少，防止餐后血糖急剧上升。同时，可溶性膳食纤维吸收水分后，还能在小肠黏膜表面形成一层“隔离层”，从而阻碍肠道对葡萄糖的吸收，没被吸收的葡萄糖随大便排出体外。另外，膳食纤维还可以增加胰岛素的敏感性，减少对胰岛素的需求。

3. 降脂

膳食纤维进入人体后可以减少肠道对胆固醇的吸收，促进胆汁的排泄，降低血胆固醇水平，可预防冠心病和结石症的发生。

4. 抗饥饿、助减肥

当膳食纤维在胃和肠道内吸水后，使胃和肠道扩张，产生饱腹感，从而抑制食欲；并且膳食纤维在胃肠内可限制部分糖和脂质的吸收，使体内脂肪消耗增多，因而膳食纤维有助于糖尿病和肥胖病人的饮食控制，有助于减肥。

5. 解毒、防癌、提高抗病能力

膳食纤维能促进肠道蠕动，缩短许多毒物如肠道分解产生的酚、氨等及细菌、黄曲霉毒素、亚硝胺、多环芳烃等致癌物在肠道中的滞留时间，可减少肠道对毒物的吸收。同时，膳食纤维能提高吞噬细胞的活力，增强人体免疫功能，有利于防止感染和癌症。膳食纤维还可改善肠道菌群，可与致癌物质结合，有利于解毒防癌。

但是必须指出，过多摄入膳食纤维，会妨碍微量元素（如钙、铁、锌）的吸收，降低蛋白质的利用率，当水分供给不足时还可造成便秘。

巩固提高练习

一、自测或练习

1．烹饪原料中常见的单糖和低聚糖有哪些？重要的多糖又有哪些？

2．写出葡萄糖、果糖、蔗糖、麦芽糖的结构式。

3．焦糖化反应、羰氨反应在烹饪上有什么重要意义？

4．饴糖的主要成分是什么？请举例说明饴糖在烹饪中的应用。

5．淀粉的主要性质有哪些？直链淀粉和支链淀粉在结构和性质方面有哪些区别？

6．什么是淀粉的糊化？淀粉糊有哪些烹饪特性？

7．影响淀粉糊化的因素有哪些？

8．什么是淀粉的老化？影响淀粉老化的主要因素有哪些？

9．淀粉对人体的生理功能主要有哪些？

10．膳食纤维的主要成分有哪些？它对人体健康有什么重要作用？

二、实践与探究

1．原理应用

（1）为什么方便面经热水浸泡几分钟之后即可食用，而普通面条不行？

（2）烤鸭或烤鸡在烤制之前表面要刷糖液的原因是什么？

（3）含糖量高的糕点（如月饼）保质期为什么都较长？

（4）为什么有些成年人喝牛奶后容易拉肚子？

（5）有些大米做成的米饭口感柔软，即使饭冷了以后仍较为柔软，其原因是什么？

（6）猕猴桃、香蕉等水果为什么在储存了一段时间以后会变得柔软？

（7）挂糊、上浆与勾芡利用的是淀粉的什么性质？它们宜分别选用怎样的淀粉？

（8）拔丝菜的制作是利用了蔗糖的什么性质？

2．实验演示

取少量淀粉，放入烧杯内，加入适量水，用玻棒搅拌成稀悬浊液，用酒精灯加热，边加热边搅拌，观察淀粉糊化全过程。

3．深度探究

（1）红糖、白糖和冰糖，其主要成分都是蔗糖，比较三种糖在外观形态、纯度和生产工艺等方面的差别，并探究传统饮食文化中所说“冰糖清火”“红糖补铁”的科学性。

（2）通过访谈、查找资料等方法，比较菱角、绿豆、豌豆、马铃薯、玉米、甘薯、木薯等食材的淀粉含量高低，并分析以上食材所制取的淀粉所具有的烹饪性能。

第 5 章

维生素与植物化学物

◎ 学习目标

1 熟悉主要维生素的性质特点及其与人体健康的关系

2 懂得维生素在烹饪过程中的变化规律，学会减少烹饪时维生素损失的具体措施

3 了解植物化学物的种类、功能，懂得植物化学物在常见烹饪原料中的分布以及对人体健康的影响

第一节　维生素

维生素是维持机体正常生命活动所必需的微量低分子有机化合物。由于最早分离出来的维生素B_1是胺类物质，英文取名Vitamine（即致命的胺），中文将发音与词义巧妙地融合在一起，译名为维他命，后改为维生素，意为“维持生命的要素”。

1. 维生素的特点

（1）以本体形式或可被机体利用的前体形式存在于天然食物中；

（2）大多数体内不能合成，少数（如维生素K、维生素B_6）能由肠道细菌合成一部分，但也不能替代每日从食物中获得这些维生素；

（3）不构成机体组织，也不提供能量；

（4）每日生理需要量甚微（仅以mg或μg计），但在调节代谢过程中却起十分重要的作用；

（5）常以辅酶或辅基的形式参与酶的功能，从而调节机体代谢正常化；几乎每一种维生素缺乏都会患维生素缺乏病，极度缺乏有致命的危险，过多也会造成疾患。

2. 造成维生素缺乏的主要原因

（1）膳食摄入不足　可因贫困、膳食单调、偏食等使摄入量不能满足机体的需求；

（2）体内吸收障碍、储存减少　如肠蠕动加快、吸收面积减少、长期腹泻等；

（3）生理、病理需要量增多　如因授乳、大量出汗、长期大量使用利尿剂等使排出增多，或因药物的作用使维生素在体内的破坏加速；

（4）食物加工、烹调不合理　如未采取保护性措施等原因使维生素大量破坏或丢失。

3. 预防维生素缺乏的主要措施

（1）提供平衡膳食；

（2）及时治疗影响维生素吸收的肠道疾病；

（3）根据人体的生理、病理情况及时调整维生素供给量；

（4）食物加工、烹调要合理，采取保护性措施尽量减少维生素的损失。

一、维生素的分类和命名

1. 维生素的分类

维生素的种类很多，按其溶解性可将维生素分为两大类：水溶性维生素和脂溶性维生素。

水溶性维生素包括B族维生素和维生素C（抗坏血酸）。

脂溶性维生素包括维生素A（视黄醇）、维生素D（维生素钙化醇）、维生素E（生育酚）和维生素K（萘醌）等。B族维生素有硫胺素（维生素B_1）、核黄素（维生素B_2）、泛酸（维生素B_3）、烟酸（维生素B_5）、吡哆素（维生素B_6）、生物素（维生素B_7）、叶酸（维生素B_{11}）和钴胺素（维生素B_{12}）等。

2. 维生素的命名

关于维生素的命名有三种方式：一是按发现的顺序，以英文字母顺序命名，如维生素A、B族维生素、维生素C、维生素D、维生素E、维生素K等。二是按其化学结构命名，如视黄醇等。三是按其特有的生理功能和治疗作用命名，如抗干眼病维生素等。但在使用上并无严格规范，三类名称常混合使用。表5-1是主要维生素的名称对照表。

表5-1　主要维生素的名称对照表

以字母命名	以化学结构命名	以生理功能命名	其他名称
维生素A	视黄醇	抗干眼病维生素	明目维生素
维生素D	钙化醇	抗佝偻病维生素	壮骨维生素、阳光维生素
维生素E	生育酚	抗不育维生素	抗衰老维生素
维生素K	萘醌	凝血维生素	
维生素B_1	硫胺素	抗脚气病维生素	抗神经炎因子
维生素B_2	核黄素	抗唇炎维生素	抗脂溢性皮炎因子
维生素B_3	泛酸		
维生素B_5	烟酸	抗癞皮病维生素	维生素PP
维生素B_6	吡哆素		
维生素B_7	生物素		维生素H、辅酶R
维生素B_{11}	叶酸	抗神经管畸形维生素	维生素M
维生素B_{12}	钴胺素	抗恶性贫血维生素	
维生素C	抗坏血酸	抗坏血病维生素	

二、主要维生素的性质

（一）脂溶性维生素

1. 维生素A的性质

1913年美国化学家台维斯从鳕鱼肝中提取而得。黄色片状结晶，对热、酸、碱都比较稳定。一般的烹调方法对食物中的维生素A无严重破坏，但维生素A分子结构高度不饱和，易氧化失活，特别是在紫外线照射下；脂肪酸败时易被破坏。

维生素A只存在于动物性食物中。植物性食物中含有维生素A原（维生素A的前体）——胡萝卜素。目前，已发现的类胡萝卜素约600多种，仅有约1/10是维生素A原，有α-胡萝卜素、β-胡萝卜素、γ-胡萝卜素，它们可在动物体的肝脏内转化为维生素A后供人体吸收。另有一些类胡萝卜素，如玉米黄素、叶黄素、辣椒红素和番茄红素等虽不能在体内转化为维生素A，但具有许多重要的生理功能，如抗氧化、抗衰老、抗肿瘤等作用。胡萝卜素耐热，在100℃下加热4h才被破坏。

良好来源：动物肝脏、鱼肝油、全奶、深色蔬菜和水果等。

2. 维生素D的性质

1926年由化学家卡尔首先从鱼肝油中提取，为类固醇衍生物，已知的有10多种，以维生素D_2（麦角钙化醇）和维生素D_3（胆钙化醇）最为重要。维生素D_2由植物或酵母所含的麦角固醇（称D_2原）经紫外线照射后转变而来，维生素D_3系动物皮下储存的7-脱氢胆固醇（称D_3原）经紫外线照射后转变而来。维生素D_2和维生素D_3皆为白色晶体，化学性质较稳定，耐热，在200℃下仍能保持生物活性，对氧、碱较为稳定，但对光敏感，对酸不稳定。通常的贮藏、加工过程不会引起损失。香菇中富含麦角固醇，过度的浸泡和洗涤易造成损失。

良好来源：经常而适当的阳光照射，鱼肝油、海鱼、动物肝、蛋黄等。

3. 维生素E的性质

1922年由美国化学家伊万斯在麦芽油中发现并提取。有8种存在形式，其中α-生育酚活性最强。为黄色油状物，对热及酸稳定，对碱不稳定，对氧十分敏感。在无氧条件下对热稳定，加热至200℃时仍然保持稳定。油脂酸败加速维生素E的破坏。一般烹调时损失不大，但油炸时维生素E活性明显降低。

良好来源：植物油、小麦胚、坚果、豆类等。

4. 维生素K的性质

1929年丹麦化学家达姆从动物肝和蓖麻子油中发现并提取。黄色晶体，化学性质较稳定，耐热、酸，对氧稳定，但易被碱和光破坏，冷冻、速冻食品中破坏也较多。

良好来源：绿色蔬菜（如菠菜、白菜）、肝脏、瘦肉等。

（二）水溶性维生素

1. 维生素C的性质

白色结晶状的有机酸。在所有维生素中，维生素C最易受破坏，但在酸性条件下稳定，对热、碱、氧、光都不稳定，特别是微量的铁、铜等金属离子都会加速其破坏。

良好来源：深色叶菜、柿子椒、番茄、菜花、苦瓜、豌豆等；水果如柑橘、柠檬、草莓、樱桃、青枣、猕猴桃等。

2. 维生素B_1的性质

因分子组成中含有硫和氨基，因此又称硫胺素。维生素B_1呈白色针状结晶，微带酵母味。在酸性环境中很稳定，虽加热到120℃也不被破坏，在中性和碱性环境中遇热则很快分解。铜离子可加速其破坏，乙醇可破坏维生素B_1的吸收和利用。

维生素B_1多存在于谷物的皮层和糊粉层，在谷物的加工碾磨中随糠粉除去而损失，所以食用过于精制的大米、面粉容易造成维生素B_1的缺乏。煮饭前水洗淘米、煮饭时弃汤、煮稀饭或蒸馒头时加碱等均可使维生素B_1有不同程度的损失。

软体动物、鱼类的肝脏中含硫胺素酶，它能分解破坏维生素B_1，常食用生鱼片的人易缺乏维生素B_1。硫胺素酶一经加热即被破坏。

良好来源：动物内脏、肉类、豆类、谷物。

3. 维生素B_2的性质

维生素B_2又称核黄素。为橙黄色针状结晶，味微苦。不易氧化，在中性或酸性环境中较稳定，在酸性溶液中加热到100℃时仍能保存。但遇碱和光极易分解。

良好来源：动物内脏、奶类、蛋类，豆类、绿叶蔬菜中也较多。

4. 泛酸的性质

泛酸又称遍多酸，因广泛存在于生物界而得名。为淡黄色黏性油状物，具酸性。在中性溶液中耐热，在酸性溶液中易水解，对氧化剂和还原剂稳定。

良好来源：各种食物中都含有泛酸，以动物的内脏、鱼肉、谷物等含量最丰富。

5. 烟酸（尼克酸、维生素PP）的性质

烟酸为白色针状结晶，不易被酸、碱、热及光所破坏，是维生素中性质最稳定的一种。

良好来源：动物内脏、肉类、酵母、花生、全谷、豆类。色氨酸在体内可转变为烟酸。以玉米为主食而缺乏副食供应的地区，因玉米中游离的色氨酸少，易发生烟酸缺乏。用小苏打使玉米面中呈结合态的色氨酸游离，转化成烟酸即可避免缺乏症的发生。

6. 维生素B_6的性质

维生素B_6又名吡哆素，包括吡哆醇、吡哆醛、吡哆胺3种物质。为白色晶体，略带苦味，耐热，对酸、碱均稳定，易被光破坏。

良好来源：酵母、蛋黄、牛乳、鱼、肉类、胡萝卜、豌豆、菠菜、核桃、麦胚。

7. 生物素的性质

生物素又名维生素H，无色长针状结晶，常温下性质稳定，遇热、光、氧均不被破坏，中等强度的酸、碱及中性环境中也呈现稳定状态，高温和氧化剂可使其丧失生理活性。

良好来源：蛋黄、牛奶、酵母中含量最丰富；其次为菜花、坚果、黄豆、全麦。

8. 叶酸的性质

叶酸，1941年从菠菜中提取而得名。淡黄色结晶粉末，微溶于水，对热、光、酸都不稳定，在碱性溶液中对热稳定。因此，叶酸不耐长时间的加热，烹调后损失率可高达50%～90%。

良好来源：新鲜绿叶蔬菜、动物内脏（肝、肾）、酵母、马铃薯、豆类、全谷、麦胚等。

9. 维生素B_{12}的性质

唯一含有金属元素钴的维生素，亦称钴胺素。粉红色针状晶体，在中性和弱酸性条件下稳定，在强酸、强碱及光照下易分解破坏。

良好来源：动物内脏（肝、肾）、瘦肉、牛乳、鸡蛋、海鱼、虾及发酵豆制品（如腐乳）等。

各种维生素对酸碱度、氧、光和热的稳定性情况见表5-2。

表5-2 维生素稳定性一览表

维生素	pH的影响			氧	光	热
	中性	酸性	碱性			
维生素A	√	√	√	×	×	√
胡萝卜素	√	√	√	×	×	√
维生素D	√	×	√	√	×	√
维生素E	√	√	×	×	×	√
维生素K	√	√	×	√	×	√
维生素B_1	×	√	×	×	√	×
维生素B_2	√	√	×	√	×	×
泛酸	√	×	×	√	√	×
烟酸	√	√	√	√	√	√
维生素B_6	√	√	√	√	×	√
生物素	√	√	√	√	√	×
叶酸	×	×	√	×	×	×
维生素B_{12}	√	√	√	×	×	√
维生素C	×	√	×	×	×	×

注："√"代表普通烹饪条件下稳定，"×"代表不稳定。

三、维生素在烹饪过程中的变化规律

烹饪原料在加工、整理、烹制、加热、调味等过程中，其中的维生素受多种因素的影响，发生各种变化而引起损失，导致菜肴营养价值降低。一般水溶性维生素损失较大，脂溶性维生素保存率较高。

（一）溶解

维生素B_1、维生素B_2、烟酸、叶酸、维生素C等都是水溶性维生素，易溶于水，遇水时可通过扩散或渗透过程从原料中浸析出来。当原料表面积增大，或由于清洗时水流速度快、水量大和水温升高等因素，都会使原料中的维生素C受到较大损失。将切好的叶菜完全浸在水中，维生素C损失可达80%以上。

（二）氧化

对氧敏感的维生素有维生素A、维生素E、维生素B_1、维生素C等，在储存和烹制过程中，易受氧化而被破坏。维生素E，在高温和有碱性介质及铁元素的存在时，能加速其氧化作用，氧化破坏可达70%～90%。特别是使用酸败的油脂，氧化破坏程度更为明显。

（三）酶分解

维生素C氧化酶在60～80℃时分解维生素C的能力最强，95℃以上时被钝化，加热至100℃时，1min后完全失去活性。利用这一性质，在蔬菜水果加工中，进行高温瞬间烫漂处理，可减少维生素C的损失。

（四）热分解

水溶性维生素对热的稳定性普遍较差，维生素B_1在酸性溶液中对热较稳定，但在碱性溶液中加热能使大部分或全部维生素B_1被破坏。一般脂溶性维生素在加热时较稳定，但在制作油炸食品时，因油温较高，会加速维生素A的氧化分解。

四、减少烹饪过程中维生素损失的措施

（一）合理择菜

同一蔬菜，叶部的维生素含量一般高于根茎部，如莴笋叶、芹菜叶、萝卜缨比相应的茎根部高出数倍；嫩叶比枯叶高，深色菜叶比浅色的高，如颜色较绿的芹菜叶比颜色较浅的芹菜叶和茎含的胡萝卜素多6倍，维生素D多4倍。

因此在选择时，应注意选择新鲜、色泽深的蔬菜，择菜时千万别丢弃了含维生素最丰富的部分，如芹菜的叶子、菠菜的根等。

（二）合理加工与烹调

1. 沸水焯菜

需焯水的蔬菜，如含草酸多的菠菜、茭白、竹笋等，应待水沸之后再下菜焯1～2min。

2. 旺火急炒

烹饪原料通过旺火急炒，能缩短菜肴成熟时间，从而降低维生素的损失。如猪肉切成丝，用旺火急炒，维生素B_1的损失率只有13%，而切成块用慢火炖，维生素损失率则达到65%。

选用微波炉、电磁炉及远红外线烤箱等短时间加热的炉具，也可有效减少维生素的损失。

3. 上浆、挂糊、勾芡

烹饪原料先用淀粉和鸡蛋上浆挂糊再炸，可避免因高温使维生素大量分解破坏；用淀粉勾芡，使菜汁包到菜上，可减少维生素C的损失，并使浸出的维生素连同菜肴一同摄入。

4. 避免用碱发面、熬粥

由于维生素B_1、维生素B_2、维生素B_6、维生素C都具有怕碱不怕酸的特性，因此在焯菜、制面食、熬稀饭、蒸馒头等过程中，最好避免用碱（小苏打）。使用酵母发面，能提高面团中维生素B_1的含量。

在炒菜时放点食醋可保护维生素不被分解破坏，如炒豆芽时放适量食醋，不仅可改善口感，而且还可使豆芽中的维生素C保留量大大增加。

5. 降低油温

烹饪中采用热锅冷油的方法，将油温控制在150～200℃，以减少维生素的热损失。

6. 先洗后切，不浸泡，不挤汁

各种菜肴原料，尤其是蔬菜，应先清洗，再切配。浸泡过久，会使水溶性维生素、无机盐流失过多。同时做到现切现烹、现做现吃，以减少维生素的氧化损失。做菜馅时，为避免菜馅出现流汁，将菜切碎后加适量熟油拌匀，将菜的切口用油包住而形成保护层。

五、维生素与人体健康

（一）维生素缺乏症

1. 维生素A与夜盲症

维生素A是第一个被发现的维生素。人类认识到维生素A的作用可追溯到3000年前的古埃及。古埃及人发现，有一些孩子白天非常活泼，可一到晚上就像换了个人，神情呆滞、迷茫。经过观察发现，这些孩子在晚上看不清东西，是夜盲症。后来进一步的研究还发现那些得夜盲症的人吃了绿叶蔬菜、动物肝脏后视力很快就会恢复。我国唐朝医学家被称为“药王”的孙思邈就曾写出用动物肝脏防治夜盲症的处方。

世界卫生组织把维生素A和碘、铁一并列为最容易缺乏的三大营养物质，要特别注意适量摄入。因维生素A属脂溶性维生素，并非多多益善，过量摄入，会引起维生素A中毒，表现为皮肤干裂，指甲变脆、脱落的症状。

2. 维生素D与佝偻病

维生素D与骨骼健康关系密切。维生素D可促进钙在体内的代谢，调节钙在体内的功能，能让骨骼中沉积更多的钙。人体若缺乏维生素D，儿童会得佝偻病，成人患软骨病，老人患骨质疏松症。

1917年，英国医生发现，身体缺乏维生素D可引起儿童佝偻病。但当时有一种现象让研究这一疾病的科学家感到困惑：牛奶、肉、蛋富含维生素D的食物是当时富裕家庭餐桌上的家常便饭，孩子很少得佝偻病。这种病一般都发生在食物匮乏的穷人孩子身上。但同样的贫困，农村的穷人孩子却极少得佝偻病。经过不断的探索，医学家们找到了其中的奥秘，原来维生素D有一种特殊的本领，在阳光的照射下人体皮肤中的7-脱氢胆固醇可自行合成维生素D。每天多晒太阳就能补充维生素D。

3. 维生素K与凝血

维生素K是肝脏合成凝血蛋白必不可少的物质之一。在人体内能促使血液凝固。人体缺少它，凝血时间延长，严重者会流血不止，甚至死亡。

近年研究发现，维生素K与骨骼代谢有关。若维生素K不足，将使骨密度低下。

维生素K分K_1、K_2、K_3、K_4。维生素K_1大多数存在于食物中，如深绿色蔬菜（菠菜、油菜、莴笋、茼蒿等）、黄白色蔬菜（胡萝卜、南瓜、白菜等）以及动物肝脏、瘦肉、奶、蛋、坚果及谷物等食物较为丰富，尤以酸奶酪和乳酪最为丰富；维生素K_2由肠道细菌生成，随脂肪酸被人体吸收。若长期使用抗生素等药物，会造成肠内细菌数量减少或功能降低，维生素K便会相对不足。

4. 维生素B_1与脚气病

脚气病是一种能引发心脏疾病的顽症，得病者的身体状况很差，手脚麻木，心动过速，伴有精神症状，死亡率很高。1886年，荷兰军医艾克曼来到东印度地区研究此病的发病原因。受巴斯德病原菌学说的影响，他最初认为脚气病可能是一种传染病，他亲自用显微镜检查病人的血液、分泌物、皮肤，但一直未找到病原菌。1890年他的实验鸡群中爆发了多发性神经炎，症状与脚气病相似。这时一位饲养员用米糠代替精米，喂养的鸡个个都很健康。这一现象使艾克曼意识到脚气病可能是一种营养缺乏病，米糠中可能含有治脚气病的因子。艾克曼把鸡分为对照组和实验组，进行喂饲实验。1897年艾克曼终于查明，鸡吃白米得了脚气病，加入米糠即可治愈。他用米糠治愈了所有求诊的脚气病病人。艾克曼的研究使维生素B_1被世界公认，他本人凭这个发现荣获1929年的诺贝尔奖。1912年，波兰科学家丰克（Casimir Funk）发现维生素B_1是一种富含氮的化合物胺，称为Vitamine（致命的胺）。

5. 维生素B_5（烟酸）与癞皮病

1914年，美国全境癞皮病流行，得病者皮肤变红、溃烂，精神错乱，死亡率高达63%。40岁的美国医生哥德堡受命研究此病。受巴斯德病原菌学说的影响，许多人认为癞皮病可能是一种传染病。患癞皮病的病人虽然很多，但医护人员却没有被传染上。哥德堡对癞皮病是传染病的学说提出了怀疑。在随后的研究中，他总结出一套用牛奶、鸡蛋、豌豆、燕麦、肉类等混合食物治疗癞皮病的方法，治愈了成千上万例癞皮病病人。虽然哥德堡未找到癞皮病的致病原因是烟酸缺乏，但他开创的营养疗法实验至今仍被看作是医学史上的经典之作。

6. 维生素B_{12}（钴胺素）与恶性贫血

1947年美国女科学家肖波在牛肝浸液中发现B_{12}，后经化学家分析，它是一种含钴的有机化合物。它化学性质稳定，是人体造血不可缺少的物质，缺少它会产生恶性贫血症。

知识拓展

素食与贫血

合成血红蛋白的原料是蛋白质和铁，长期不吃红肉和动物内脏等含铁丰富的食物，容易引起缺铁性贫血；促进红细胞成熟的物质是叶酸和维生素B_{12}，而维生素B_{12}最主要的膳食来源是动物性食物，长期吃素容易造成维生素B_{12}缺乏而引起巨幼红细胞贫血。

7. 维生素C与坏血病

谁也不会想到，维生素C的发现会与战争有渊源。

从16世纪开始，英国和西班牙为了争夺海上霸主地位，进行了无数次海上战争，但直到200年后的18世纪依然未决出胜负。因为在海上战争中，双方有一个共同的敌人——坏血病。患病者关节疼痛、全身皮下出血、牙齿松动、伤口很难愈合，对感染的抵抗力下降。

但到了18世纪中叶，持续了200多年的战争突然出现了巨大的转机：英国海军的战斗力倍增，连续数次的战争一直处于上风。帮助他们的神奇力量却来自不起眼的水果柠檬。原来，英国船医林德发现，柑橘类水果中的维生素C有预防坏血病的作用。于是，英国海军规定，所有船舰每天必须供应一个柠檬给士兵。柠檬中的维生素C帮助英国海军战胜了坏血病，也打了胜仗，结束了这场持续200多年的海上争霸战。

8. 叶酸与神经管畸形

人类对维生素的研究从最初的治疗疾病，上升到现如今主动预防疾病发生的高度。

神经管畸形、脊柱裂在全世界每年要发生40万例，我国北方每1000个出生婴儿中就有6个神经管畸形儿。为了预防这一出生缺陷，1998年，北京医科大学、美国疾病预防与控制中心联手，由美国国会出资，在我国河北、山西、浙江、江苏四省的30个县展开了世界上最大规模的调研，有近50万妇女加入了研究过程中，用了两年时间，成功地用叶酸预防新生儿神经管畸形的发病，使高发地区神经管畸形的发病率降低了85%。

目前，全世界有近30个国家根据中国的研究成果和成功经验，在各自的国家提出了增服叶酸以预防胎儿出生缺陷的建议。中国卫生部也将增服叶酸列为“提高出生人口素质，减少出生缺陷”的一级预防措施。

（二）免疫调节作用

近年来，有关维生素的作用又有不少新发现，证明它不仅是防止多种营养缺乏病的必需营养素，而且还具有预防多种慢性退化性疾病的保健功能，维生素A、维生素C、维生素E被并称为抗氧化的“三剑客”，既能清除体内自由基，延缓衰老，又可提高机体的抗病防御能力，预防肿瘤的发生。

1. 维生素A

维生素A对上皮细胞的分化具有保护作用，能维持上皮组织的完整性，防止上皮组织癌变。缺乏维生素A的动物易被化学致癌物诱发黏膜、皮肤与腺体肿瘤。

2. 维生素D

新近研究表明，人体内维生素D水平和免疫系统功能、抗感染力，特别是癌症风险密切相关。

3. 维生素E

维生素E能增强机体的免疫功能，对防衰老、抗癌有一定的作用，可阻断强致癌物质亚硝胺在体内的合成。

4. 维生素C

维生素C在对抗多种致癌物及放射性伤害，尤其在预防食道癌与胃癌方面有一定的功效。维生素C能阻断亚硝胺的形成，并使已形成的亚硝胺分解。维生素C还可降低苯并（a）芘、黄曲霉毒素B_1的致癌作用。

第二节　植物化学物

植物化学物是指植物中存在的一类低分子量的生物活性物质，是植物的次级代谢产物。除个别是维生素的前体物（如β-胡萝卜素）外，均是非营养素成分。

过去很长时间人们认为植物的次级代谢产物仅仅对植物有用而对人体没什么用。随着科技水平和人们认识能力的提高，现已发现，植物的次级代谢物在对抗人体某些非传染性、退行性疾病方面具有重要的应用价值。

植物化学物种类众多，天然存在的植物化学物的总数估有60 000～100 000种。对人体健康具有有益和有害的双重作用，在正常摄食条件下，几乎所有天然成分对机体都是无害的（除少数例外，如马铃薯中的龙葵素），而且许多过去认为对健康不利的植物化学物也可能存在各种促进健康的作用，例如过去一直认为各种卷心菜中存在的蛋白酶抑制剂和芥子油苷是有害健康的，现在却发现它们有抗氧化和抑制肿瘤的作用。植物化学物的主要种类及其主要功能见表5-3。

表5-3　植物化学物的主要种类及其主要功能

种类	抗癌	抗微生物	抗氧化	抗血栓	免疫调节	抑制炎症	影响血压	降胆固醇	调节血糖	促进消化
类胡萝卜素	√		√		√			√		
多酚	√	√	√	√	√	√	√		√	
硫化物	√	√	√	√	√	√	√	√		√
植物固醇	√							√		
皂苷	√	√			√			√		
芥子油苷	√	√						√		
蛋白酶抑制剂	√		√							
单萜类	√	√								
植物雌激素	√	√								
植酸	√		√		√				√	

一、常见的植物化学物

（一）类胡萝卜素

1. 类胡萝卜素的主要种类及食物来源

类胡萝卜素的主要种类及食物来源见表5-4。

表5-4　类胡萝卜素的主要种类及食物来源

种类	相关食物来源
胡萝卜素	菠菜、花椰菜、胡萝卜、哈密瓜、南瓜、芒果、桃子等
γ-胡萝卜素	番茄、杏等
番茄红素	番茄、西瓜、番石榴、红柚、杏干等
玉米黄素	枸杞子、蛋黄、玉米、木瓜等
β-隐黄素	玉米、柑橘等
岩藻黄质	裙带菜、鹿尾菜等
叶黄素	蛋黄、羽衣甘蓝、芥蓝、菠菜、西蓝花、甘蓝等
辣椒红素	辣椒等
虾素	虾、蟹、腌鲑鱼子、鱼子酱等

2. 生物学作用

人体细胞经氧化损坏后易生癌症、心血管病等多种“杀手疾病”。类胡萝卜素最大的特征是脂溶性的抗氧化物质，对防止不饱和脂肪酸的氧化十分有益。比起只摄取单一种类的胡萝卜素，摄取各种食品中含有的多种胡萝卜素的抗氧化效果更好。

（1）α-胡萝卜素、β-胡萝卜素　除抗氧化作用之外，当体内的维生素A不足时，能转化为维生素A，防止皮肤老化。

（2）番茄红素　番茄红素是类胡萝卜素中抗氧化能力最强的，它作为抑制癌症的物质而受到广泛重视。

（3）叶黄素、玉米黄素　除可防癌外还具有防止眼睛细胞氧化的作用，对眼睛很有益处。

叶黄素和玉米黄素是脂溶性的抗氧化物质，在油脂的作用下可增强其生物活性，更有效。故甘蓝菜（芥蓝菜）、菠菜、西蓝花、玉米等需烹调后食用，方可获得较高含量的叶黄素。鸡蛋蛋黄不仅含有叶黄素，还含有玉米黄素，每个蛋黄约含0.25mg的叶黄素和约0.2mg的玉米黄素。

知识拓展

叶黄素、玉米黄素与眼睛保健

叶黄素、玉米黄素和β-胡萝卜素、维生素A一样，都是眼睛健康所必需的。叶黄素在人体内能转变成玉米黄素，而玉米黄素是视网膜黄斑的主要色素，能有效过滤紫外线而避免眼睛受到伤害。临床试验证明，摄取足量的叶黄素和玉米黄素可减少罹患老年性黄斑部退行性病变风险。

传统医学认为枸杞子有明目作用，与枸杞子含有丰富的玉米黄素和胡萝卜素密切相关。

维生素C、维生素E、花青素和其他抗氧化物对眼睛健康也有帮助。

（二）多酚

1. 多酚类化合物的主要类型

多酚类化合物是广泛存在于植物界的一大类多酚化合物，多以苷类形式存在，也有一部分以游离形式存在。主要是指酚酸及类黄酮，后者亦称黄酮类化合物。

类黄酮泛指具有C_6-C_3-C_6的基本骨架的化合物之总称。即两个苯环（A与B环）通过中间3个碳连接而成的一系列化合物，大多数以2-苯基色原酮为基本母核。

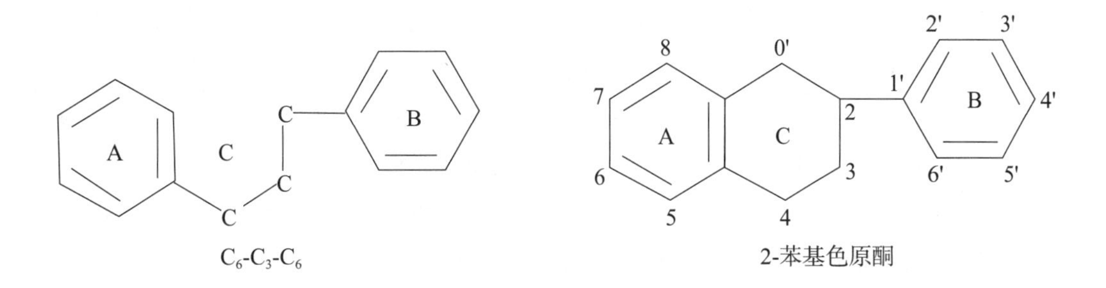

C_6-C_3-C_6　　2-苯基色原酮

多酚类化合物从结构上分为许多类型，其中主要的类型及食物来源见表5-5。

表5-5　多酚类化合物的主要类型及食物来源

		结构类型	代表化合物	食物来源
多酚	类黄酮	黄酮类	芹黄素	芹菜、西芹等
		黄酮醇类	槲皮素	柑橘、番茄、洋葱、苹果等
			芦丁	柑橘类水果、茄子等
		黄烷酮类	橙皮苷	红葡萄酒、葡萄、草莓等
		异黄酮类	大豆素、葛根素	大豆、葛根等
		黄烷醇类	儿茶酚	茶叶、红酒、可可等
		双黄酮类	银杏黄酮	银杏等
		花青素	又称花色苷	蓝莓、葡萄、红葡萄酒、茄子等
	酚酸		克罗吉宁酸	橄榄油、大豆等
			姜黄素	姜黄等
			单宁类	茶、红葡萄酒等

2. 生物学作用

（1）抗氧化作用　大多数黄酮类化合物均具有较强的抗氧化活性和清除自由基的能力。脂质过氧化是一个复杂的过程，黄酮类化合物可通过直接和间接清除自由基两种机制来影响该过程。

（2）抗肿瘤作用　类黄酮被认为是抗癌食物中最有益的物质之一，其抗癌作用一方面是对恶性细胞增长的抑制，另一方面是从生化方面保护细胞免受致癌物的损害。

黄酮类化合物具抗肿瘤作用的经典例证就是茶的抗肿瘤作用。茶叶中含有多种抑制细胞突变的成分，其中黄烷醇类的儿茶酚效果最明显，能诱导癌细胞分化和凋亡，对动物肿瘤生长有明显的抑制作用。

存在于大豆及其制品中的异黄酮也是一类黄酮类化合物，包括染料木黄酮、大豆苷元和黄豆黄素等种类。染料木黄酮在预防实体癌症，如乳腺癌、前列腺癌和肺癌方面有不俗的效果。

（3）保护心血管作用　在植物源性食物的所有抗氧化物中，多酚无论在数量上还是在抗氧化作用上都是最高的。血液中低密度脂蛋白胆固醇浓度升高是动脉硬化症发生的主要原因，但低密度脂蛋白胆固醇只有经过氧化后才会引起动脉粥样硬化。

柑橘类黄酮也称生物类黄酮，它是黄酮类化合物中最大的一组，由于观察到它与维生素C有协同作用，具有降低血管渗透性的能力，所以曾将这种黄酮类化合物命名为维生素P。后经研究发现，生物类黄酮除此之外还具有抗感染作用，并表现出强大的抗氧化特性，能保护心血管系统不受脂类过氧化物损伤影响。

作为许多柑橘类黄酮化合物主链的槲皮素，能抑制血小板凝集，防止血栓的形成。对茶多酚和茶色素的基础研究表明，它们在心脏血管疾病预防中具有重要意义。黄豆苷元可减少体内胆固醇的合成，降低血清胆固醇浓度。葛根素对心脑血管也同样具有保护作用。银杏叶的提取物有解痉、降低血清胆固醇及治疗心绞痛等功效。

红葡萄酒因在酿造过程中带果皮发酵，故红葡萄酒比白葡萄酒含有更丰富的多酚。经常饮用红葡萄酒的法国人和葡萄牙人的心脏病死亡率较欧洲其他国家低。有报道称红葡萄酒中的多酚提取物以及槲皮素在离体实验条件下与等量具有抗氧化作用的维生素相比，可更有效地保护低密度脂蛋白胆固醇不被氧化。

葡萄、蓝莓、茄子等紫色果蔬的皮中含丰富的花青素，有很强的抗氧化能力，建议连皮一起吃。

知识拓展

姜黄对酒精造成的肝脏损伤很有疗效

姜黄是生姜科多年生草本植物，在中国和印度，姜黄是一种传统的草药，自古就作为治疗黄疸、肝脏和胃肠的药而被使用。姜黄中含有黄酮类物质姜黄素，它具有解毒、促进胆汁分泌的作用，对酒精造成的肝脏损伤很有疗效。市场上作为调料的姜黄是制作咖喱菜必不可少的，也常混在油炸食品的面衣中或用于炒菜的着色。由于姜黄具有独特的味道，建议做菜时只取少量做作料。

（三）硫化物

大蒜、洋葱中的含硫化合物最为丰富。大蒜中含硫成分多达30多种。

1. 异硫氢酸盐

人体肝脏中存在将进入体内的致癌物质清除的酶，而异硫氢酸盐可以帮助此酶的活化，而且它还有强大的清除自由基的抗氧化能力，能阻止癌症前期的异常细胞增殖。许多十字花科蔬菜中都含有异硫氢酸盐，这种成分在甘蓝中含量尤其多。由于这些作用和大蒜中的蒜素（二丙烯基二硫化物）成分有同样的功效，所以在美国，甘蓝和大蒜并称为抗癌食品。

异硫氢酸盐可分为两大类：异硫氢酸苯乙酯和莱菔硫烷（又称萝卜硫素）。

异硫氢酸苯乙酯主要存在于芜菁（大头菜）和包心菜中，已被证实能够抑制肺癌的产生，以及防止致癌物质与DNA结合，可选择性地诱导抗癌保护酶的生成。

莱菔硫烷（萝卜硫素）主要存在于萝卜、绿花椰菜、白花椰菜、芜菁（大头菜）、甘蓝中。研究证实：萝卜硫素能够抑制实验动物的乳癌。因其有助于排除细胞中的毒素和致癌物质，从而达到解毒的效果。

2. 吲哚

吲哚是植物化学物中较大的种类之一，它们存在于各种蔬菜中，如白花椰菜、绿花椰菜、甘蓝、芜菁（大头菜）等。

由于吲哚-3-甲醇可促使酶把雌激素分解成无害的物质，从而促进人体雌激素的健康代谢，降低患上乳腺癌和卵巢癌等疾病的风险。

二、富含植物化学物的蔬菜

（一）白菜类

此类蔬菜以柔嫩的叶或叶球为食用部分。属于十字花科蔬菜，包含以下几类：

（1）白菜类　小白菜、油菜、菜心、大白菜等。

（2）甘蓝类　羽衣甘蓝、结球甘蓝（简称甘蓝）、赤球甘蓝、皱叶甘蓝、抱子甘蓝、球茎甘蓝、紫甘蓝、花椰菜、绿菜花（西蓝花、青花菜）等。

（3）芥菜类　叶芥菜（雪里蕻）等。

百菜不如白菜，此类蔬菜含有的植物化学物如吲哚和萝卜硫素、异硫氰酸盐、类胡萝卜素等，对防治肿瘤、心血管病有一定的作用。

（二）葱蒜类

葱蒜类蔬菜，也称香辛类蔬菜或鳞茎类蔬菜，主要包括大蒜、洋葱、大葱、韭菜、细香葱等。它们的特点是含有丰富的烯丙基硫化物，有刺激性气味，除洋葱外，通常作为调味料使用。

葱蒜类蔬菜具有抗突变及抗癌的功效，可阻断细菌所产生毒物的毒性。蒜头中的蒜素不仅是“天然抗生素”，还可以降低肝脏中胆固醇的合成，使胆固醇维持在最佳水平，从而促进心血管的健康。

1. 大蒜

大蒜中的蒜素为一种植物杀菌素，能保护食管、胃、肠黏膜上皮细胞免受损伤，阻断致癌物质亚硝胺在体内的合成，对苯并芘诱发的小鼠遗传损伤有保护作用，可抑制黄曲霉毒素B_1诱导的肿瘤发生；大蒜对自由基等活性氧有较强的清除能力，从而可阻止体内的氧化反应和自由基的产生而达到延缓衰老的作用；大蒜中的硫化物具有降低血胆固醇水平的作用，具有保护心血管的作用；大蒜中芥子油苷的代谢物异硫氰酸盐和硫氰酸盐具有很强的抗微生物作用；大蒜富含硒、锗等元素，具有很好的免疫调节作用，对癌症的预防和艾滋病的治疗有一定的辅助作用。

蒜素是在大蒜的结构受损时，在蒜苷酶的作用下由蒜苷转变而成的。实践上，需将拍碎或捣碎的大蒜放置15min以后再食用，才能更好地发挥其效用。

2. 洋葱

洋葱有“蔬菜皇后”之美誉，是唯一含前列腺素A的植物，有扩张血管的作用，可维持血压正常；富含槲皮素，可抑制多种致癌物质的活性，有助于抑制胃部癌细胞的生长；含大蒜素，有很好的杀菌抗炎作用，对上呼吸道感染有一定的治疗作用；含黄尿丁酸，能刺激胰岛细胞分泌胰岛素，维持血糖正常。

洋葱中存在异蒜氨酸，切开时在蒜酶作用下变成催泪性物质，还会生成多种有益的含硫化合物，它们能防止血液中的血小板凝固，能促使血液顺畅流动。但这种有益的含硫化合物在刚切开时不会立即产生，需放置15min以上。

（三）茄果类

茄科植物中，以浆果作为食用部分的蔬菜称茄果类蔬菜（番茄、茄子、辣椒）。

1. 番茄

“玫瑰带来芬芳，番茄带来健康”。番茄富含番茄红素，具有较好的抗氧化作用，对预防消化道癌和前列腺癌有一定的功效，保护心血管系统。番茄经油脂高温加工后，番茄红素含量增多，更易被机体吸收利用。

2. 茄子

茄子含有多种生物碱，主含龙葵碱，其含量以紫皮茄为多，动物实验证明，此物质可抑制消化系统癌症，所以茄子应带皮吃。茄子还含丰富的芦丁，能强化血管功能，被誉为“心血管之友”。

3. 辣椒

辣椒未成熟时呈绿色，成熟后变成鲜红色、黄色或紫色，以红色最为常见。辣椒因含有辣椒素而有辣味。辣椒素能刺激中枢神经，促进肾上腺皮质分泌肾上腺素，从而活化分解脂肪的酶——脂肪酶，减少内脏脂肪，防止肥胖。辣椒、甜椒含丰富维生素、类胡萝卜素、辣椒多酚等，能增强血凝溶解，有天然“阿司匹林”之称。此外，辣椒能杀灭胃肠内的有害细菌，提高免疫力和心脏功能。辣椒中的维生素C含量非常丰富，居各种蔬菜的前列。

（四）根菜类蔬菜

根菜类蔬菜包括萝卜、胡萝卜、生姜、芦笋、根用芥菜（大头菜）、甘薯等。

1. 萝卜

萝卜含有抗癌物吲哚，还含有一种干扰素诱生剂，能刺激细胞产生干扰素，实验表明可减少动物肿瘤的生长。萝卜中含有淀粉酶和芥辣油，作水果生食能助消化。

2. 胡萝卜

含有丰富的类胡萝卜素及大量可溶性膳食纤维，有益于保护眼睛，提高视力，可降低血胆固醇；胡萝卜素转变成维生素A，在预防上皮细胞癌变的过程中具有作用。

3. 生姜

生姜的营养成分与葱、蒜大体相似，所含植物杀菌素的作用不亚于葱、蒜，含有挥发性姜油酮和姜油酚，可抑制人体对胆固醇的吸收。生姜同葱、蒜一样，也是烹调菜肴不可缺少的香辛调味料。

4. 芦笋

芦笋在国外被誉为“最理想的保健食品”，列为世界十大名菜之一。芦笋中含有硒、钼、铬、锰等微量元素及丰富的谷胱甘肽、叶酸、芦笋素、门冬酰胺酶等生物活性物质，有防止癌细胞扩散的功能，对防治淋巴肉芽肿瘤、膀胱癌、肺癌、皮肤癌及肾结石等有一定的功效。

5. 甘薯

甘薯含有极丰富的胡萝卜素，对皮肤癌等上皮性癌有明显作用。甘薯中还含丰富的黏液蛋白，对人体有特殊的保护作用。

（五）鲜豆类

1. 大豆

大豆含异黄酮、蛋白酶抑制剂、皂苷等成分，除能降低血清胆固醇水平、减少罹患冠心病的可能性以外，还能帮助更年期后妇女降低罹患骨质疏松的风险。

2. 四季豆

四季豆中含植物红细胞凝集素、胰蛋白酶抑制剂和淀粉酶抑制剂，当含量少时，植物红细胞凝集素能使癌细胞发生凝集反应而抑制其生长，有一定的防癌、抗癌作用；胰蛋白酶抑制剂和淀粉酶抑制剂，也有减缓各种消化酶对食物的快速消化和降低血糖的作用。

但是必须指出，新鲜四季豆，特别是经过霜打的新鲜四季豆，含有大量的植物凝集素等物质，烹饪时必须炒熟煮透，不然会发生食物中毒。

（六）瓜类

瓜类蔬菜包括黄瓜、南瓜、丝瓜、苦瓜、冬瓜等，这是一类保健蔬菜，能使“人体之河常清，生命之树常绿”。

1. 黄瓜

黄瓜皮中所含的异槲皮苷有利尿作用，通过利尿作用可提高机体的代谢功能。

2. 苦瓜

苦瓜被誉为“蔬菜之王”，营养居瓜类之冠。苦瓜中的苦瓜素被誉为“脂肪杀手”，具有一定的清脂、减肥作用；同时苦瓜还含有苦瓜苷和类似胰岛素的物质，具有良好的降血糖作用，是糖尿病患者的理想食品。

3. 丝瓜

丝瓜含皂苷类物质、丝瓜苦味质、黏液质、木胶、瓜氨酸、木聚糖和干扰素等特殊物质，是盛夏餐桌上的佳肴。

（七）其他绿叶蔬菜

该类蔬菜包括的种类很多，植物学分类上较复杂，共同的特点是以其幼嫩的绿叶或嫩茎为食用部分，如菠菜、苋菜、蕹菜（空心菜）、茼蒿、芹菜、莴苣、木耳菜、荠菜、蕨菜、紫背天葵等。

1. 菠菜

菠菜有“红嘴绿鹦哥”的美称，菠菜中的叶黄素对视网膜的黄斑有重要保护作用。另外还含有丰富的叶酸、镁、钙和铁、锰等营养素。但菠菜中含有较多的草酸，会妨碍人体对钙质的吸收，食用前最好用沸水焯一下，以除去大部分草酸。

2. 芹菜

芹菜含有芹黄素和丰富的钾元素，对高血压、动脉硬化有良好的保健功能。

3. 莴苣

莴苣有抗病毒感染和抗癌的作用，这是因为莴苣中含有干扰素诱生剂，它可作用于正常细胞的干扰素诱因，产生抗病毒物质。

4. 荠菜

荠菜有降压降脂、抗炎抗病等作用。由于含吲哚类化合物和芳香异硫氢酸苯乙酯等癌细胞抑制剂，因而还具有一定的防癌功效。

巩固提高练习

一、自测或练习

1．维生素与其他营养素比较有哪些特点？

2．维生素按溶解性不同可分为哪两大类？各大类分别包括哪些种类？

3．人体造成维生素缺乏的主要原因有哪些？

4．以玉米为主食而缺乏副食供应的地区，易发生癞皮病，烹饪时用什么方法可使玉米面中呈结合态的色氨酸游离而转化成对防治这种病有一定功效的烟酸？

5．烹饪原料中的哪几种维生素被称为天然抗氧化剂而具有抗氧化、抗衰老作用？

6．植物化学物被称为不是营养素的营养素，它们有什么功能、特点？

7．植物化学物的主要种类有哪些？分别主要存在于哪些烹饪原料中？

8．十字花科类蔬菜中的功能性成分有哪些？

9．大蒜中的蒜素是怎么产生的？怎样才能发挥它的最大效用？

10．洋葱有“蔬菜皇后”之美誉，它在烹饪时应注意什么？

二、实践与探究

1．眼睛是心灵的窗户，当代青年人用眼过度问题比较突出，请从维生素和植物化学物的摄取角度谈谈应该怎样来保护我们的“心灵窗户”——眼睛。

2．小组讨论：

话题1．蔬菜在储存、预处理（清洗、去皮、切菜、焯水）、炒制各环节都会导致维生素损失，为尽可能减少维生素损失，烹饪实践中可采取哪些方法、措施？

话题2．吃精米精面好还是吃粗粮杂粮好？为什么？

第6章 色、香、味成分

◎ 学习目标

1 熟悉血红素、叶绿素、类胡萝卜素和花青素的性质与变化，懂得绿色蔬菜烹饪保色护绿方法原理，能在烹饪实践中正确理解或利用褐变作用，了解人工合成色素的使用要求

2 了解香气成分的特点、烹饪原料及其制品的主要香气成分，懂得烹饪赋香调香的方法原理

3 熟悉甜、酸、咸、苦、鲜、涩、辣等呈味物质的性质特点，懂得味的相互作用与菜肴滋味的关系

第一节　烹饪原料及其制品中的色素

色泽是构成食物感官质量的一个重要因素。色泽能诱导人的食欲，所以保持和赋予食物以良好的色泽，是烹饪化学中的一个重要课题。

烹饪原料中的天然色素一般都对光、热、酸、碱等条件敏感，在原料烹饪和储藏过程中往往容易引起变色。相反，人工合成色素相对比较稳定，因此在食品的加工、贮藏、烹饪过程中往往会使用一些人工合成的着色剂来使食品着色。由于人工合成色素都是化学合成的产品，因此，必须严格控制使用范围和使用剂量，决不可以滥用。

一、天然色素

烹饪原料中的天然色素，按来源可以分为动物色素、植物色素和微生物色素三大类。其中以植物色素最为缤纷多彩，是构成烹饪原料色泽的主体；从溶解性分可分为脂溶性色素（如叶绿素、胡萝卜素等）和水溶性色素（如花青素等）；从化学结构类型分可分为吡咯色素、多烯色素、酚类色素、吡啶色素、醌酮色素等；从色调不同分可分为红紫色色素系列（如花青素、红曲色素、高粱红色素、辣椒红色素、焦糖色素等）、黄橙色色素系列（如胡萝卜素、红花黄色素、姜黄色素、玉米黄素等）和蓝绿色色素系列（如叶绿素等）。烹饪原料中主要的天然色素分述如下。

（一）血红素

血红素是高等动物肌肉和血液中的红色色素，在活体组织中，血红素是呼吸过程中O_2和CO_2载体血红蛋白的辅基。血红素在肌肉和血液中分别以肌红蛋白和血红蛋白形式存在。血红素是铁原子和卟啉构成的铁卟啉化合物，可溶于水。结构式如下：

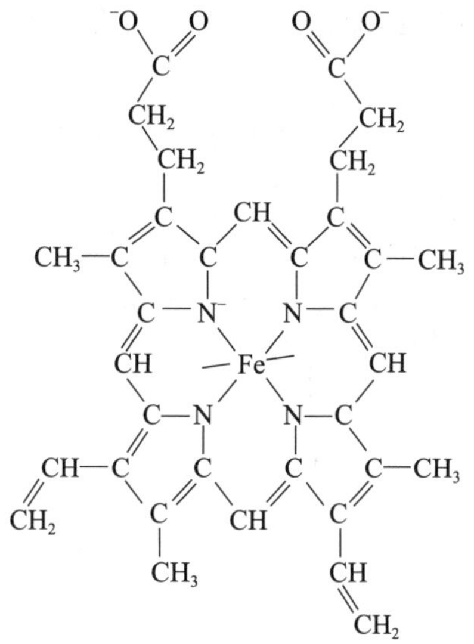

血红素结构式

动物肌肉的红色主要是由肌肉细胞中的肌红蛋白（70%～80%）和微血管中的血红蛋白（20%～30%）构成，在屠宰放血后的胴体肌肉中90%以上是肌红蛋白。

在氧或氧化剂存在并加热条件下，亚铁血红素中的二价铁可被氧化成三价铁，变成褐色的高铁血红素，这就是烹饪过程中动物血或畜肉会失去鲜红色而呈现褐色的原因。而当肌肉被切开时，肌红蛋白和血红蛋白会与氧结合而生成鲜红色的氧合肌红蛋白和氧合血红蛋白，实践上通常据此判断畜肉的新鲜度。

亚铁血红素可与一氧化氮结合生成鲜桃红色的亚硝基亚铁血红素。亚硝基肌红蛋白或亚硝基血红蛋白在受热后发生变性，此时称为亚硝基血色原，其色泽仍保持鲜红。火腿、香肠等肉制品加工中就是利用这一原理，使用亚硝酸盐作发色剂，来赋予肉制品以鲜艳的颜色。

血色素在经过强烈氧化后会变成绿色素，这是肉类开始变质时偶尔会发生变绿现象的原因。新鲜的刚屠宰的肉中由于细胞中还有过氧化氢酶类的活动，不会有H_2O_2的积累，所以不会因血红素的氧化而发绿，而陈腐的肉中因缺乏过氧化氢酶类，因此会因氧化而发绿。

（二）叶绿素

叶绿素是一切绿色植物绿色的来源，是植物光合作用的催化剂。

1. 叶绿素的结构

叶绿素也是四个吡咯环构成的卟吩类化合物。与血红素不同的是：①侧链不同；②卟啉结构中的金属元素不同：叶绿素是镁原子，而血红素是铁原子。叶绿素的结构如下：

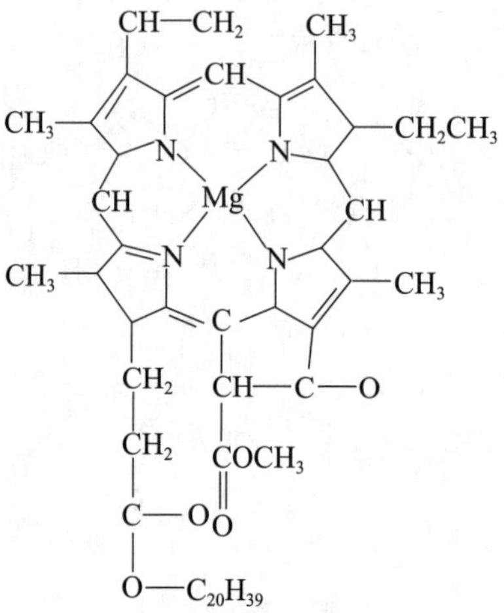

叶绿素结构式

叶绿素是由叶绿酸与叶绿醇及甲醇所构成的二醇酯，绿色来自叶绿酸残基部分。高等植物叶绿素有a、b两种，通常叶绿素a与叶绿素b以3∶1的比例共存。叶绿素在植物细胞中与蛋白质体结合成叶绿体。

2. 叶绿素的性质

叶绿素在活细胞中与蛋白质体相结合，细胞死亡后叶绿素即从质体上释出。游离叶绿素很不稳定，对光和热都敏感。在稀碱溶液中可水解成颜色仍为鲜绿色的叶绿酸（盐）（绿色比叶绿素稳定）、叶绿醇及甲醇。在酸性条件下叶绿素分子中的镁离子可被氢离子取代，生成暗绿色至绿褐色的脱镁叶绿素。在适当条件下，分子中的镁离子可为铜、钙、锌等取代，使绿色更加青翠稳定。

叶绿素及脱镁叶绿素都不溶于水而溶于乙醇、乙醚、丙酮等有机溶剂。在石油醚中纯叶绿素a只能微溶，而叶绿素b则几乎不溶；叶绿酸、脱叶醇基叶绿素、脱镁脱叶醇基叶绿素都可溶于水而不溶于有机溶剂。

3. 叶绿素在烹饪、加工和储藏中的变化

原料在加工和储藏中，受酶、酸、热、光等因素的影响，都会使叶绿素发生变化。

（1）酶促作用引起的变化　引起叶绿素破坏的酶促变化有两类。一类是间接作用，起间接作用的酶如脂肪酶、蛋白酶、果胶酯酶、脂氧合酶、过氧化物酶等，这些酶的共同作用使叶绿素因水解、氧化、分解等多种作用而被破坏；另一类是直接作用，叶绿素酶能直接将叶绿素或脱镁叶绿素水解为脱植醇叶绿素或脱镁脱植醇叶绿素。叶绿素酶的最适温度在60～82℃范围内，80℃以上其活性下降，100℃就完全失活。

（2）酸和热引起的变化 绿色蔬菜经初烹调或热烫后表现绿色似乎有所加强并更加明亮，这可能是由于原有细胞间隙的气体被加热逐出，或者由于叶绿体中不同成分的分布情况受热变动的缘故。这些变化造成光线在蔬菜中的折射与反射的情况变化，从而引起色感变化。

在加热中，由于酸的作用，叶绿素发生脱镁反应，生成脱镁叶绿素，并进一步生成焦脱镁叶绿素，绿色明显地向橄榄绿到褐色转变，并且这种转变在水溶液中不可逆。

在烹饪过程中，蔬菜的热烫是造成叶绿素损失的主要原因，其变化主要是因热和酸造成叶绿素向焦脱镁叶绿素的转化。这种降解所依赖的酸有以下几种来源：一是加热后由于组织的破坏，细胞内原有的有机酸得以释放，加强了与叶绿素的接触；二是加热中，植物中又有新的有机酸生成，如草酸、苹果酸、柠檬酸、乙酸、琥珀酸和吡咯酮酸。此外，加热中脂肪水解和蛋白质分解等都能产生酸性物质，都能引起pH降低。pH变化决定了叶绿素脱镁反应的速度和叶绿素的稳定性，当pH为9.0时，叶绿素很耐热；而pH为3.0时，它却很不稳定。

烹饪中还有这样一个经验，炒制青菜时或炒好的青菜，不宜加盖，原因就在于让烹饪过程中产生的酸性物质挥发，避免叶绿素在酸性条件下脱镁生成脱镁叶绿素，不然容易使炒制的青菜变色发黄，影响外观。

同样，蔬菜腌制时常常发生颜色由翠绿向橄榄绿到褐色的转变，这也是酸的作用所致。这些酸来源于发酵。

（3）光解 活体植物中，叶绿素既可发挥光合作用，又不发生光分解。但在储藏加工中叶绿素却经常发生光解。在光和氧气的作用下，叶绿素会出现不可逆的褪色。

4. 烹饪过程中绿色蔬菜的保色护绿方法

（1）焯水护绿处理 用约80℃以上的热水烫漂，使蔬菜中能够分解叶绿素的酶失去活性，并排除蔬菜组织中的氧气和有机酸，减少了脱镁叶绿素的生成机会，基本可保持蔬菜的鲜绿色。

（2）碱水护绿处理 绿色蔬菜在烹调前，可将蔬菜用小苏打水溶液处理，然后再进行烹饪，可保持蔬菜绿色不变。因为弱碱处理可以提高蔬菜的pH，从而可以防止脱镁反应的发生。但碱不可加太多，否则不仅会影响食物的风味，而且还可破坏蔬菜中的维生素C等营养素。

（3）高温短时护绿 烹调蔬菜时采用旺火速炒的方法，短时高温既可显著减轻蔬菜在烹调中绿色的破坏程度，也可减少维生素的损失，还有利于风味的保留。

（4）避光隔氧储存原料　叶绿素在受光辐射时，发生光敏氧化，裂解为无色产物。因此在储藏绿色蔬菜时，宜避光隔氧，以防止光氧化褪色。

知识链接

叶绿素的新发现

新的研究发现，绿色蔬菜能防止多种有毒化学物质（包括黄曲霉毒素）对细胞的致突变作用，这种功效主要源自其中的叶绿素。也就是说，叶绿素有防癌抗癌作用，可减少罹患肝癌、乳腺癌、肠癌和皮肤癌等多种癌症的风险。

另外的研究也表明，对于成年男性，叶绿素摄入量越多，患结肠癌的风险就越小；而血红素摄入量过多，患结肠癌的风险就大。

（三）类胡萝卜素

类胡萝卜素是广泛分布于生物界中的一大类色素，已知有300种以上，颜色从黄、橙、红以至紫色都有，不溶于水而溶于有机溶剂。类胡萝卜素与叶绿素一起大量存在于植物的叶子中，也存在于花、果实、块根和块茎中，一些微生物（酵母菌、霉菌、细菌类中都有）也能大量合成类胡萝卜素。动物体不能合成类胡萝卜素，但常蓄积有类胡萝卜素，直接或间接来自于植物界。一些类胡萝卜素在动物体内可转化为维生素A，称为维生素A原，其中转化率最高的是β-胡萝卜素，一分子β-胡萝卜素可转化为两分子维生素A。

1. 类胡萝卜的分类

类胡萝卜素按其结构与溶解性不同，可分为胡萝卜素类和叶黄素类两大类。

（1）胡萝卜素类　其结构特点是共轭多烯烃，含有大量共轭双键，形成发色基团，产生颜色。

大多数天然类胡萝卜素都可看作是番茄红素的衍生物。番茄红素的一端或两端环构化，便形成它的同分异构体α-胡萝卜素、β-胡萝卜素、γ-胡萝卜素。α-胡萝卜素、β-胡萝卜素、γ-胡萝卜素都具有β-紫罗酮环，它们都能转变成维生素A，其中以β-胡萝卜素的转化效率最高。而番茄红素由于不具备β-紫罗酮环的结构，所以不能转化成维生素A。

番茄红素及α-胡萝卜素、β-胡萝卜素、γ-胡萝卜素是食物中主要的胡萝卜素类即多烯烃类着色物质，番茄红素是番茄中的主要色素，也存在于西瓜、杏、桃、辣椒、南瓜、柑橘等水果蔬菜中。在三种胡萝卜素中，以β-胡萝卜素在自然界分布最广，含量最多。

（2）叶黄素类　叶黄素类是共轭多烯烃的加氧衍生物，其脂溶性因加氧量增多而下降。

叶黄素在绿叶中的含量常为叶绿素的两倍。食物中比较常见的叶黄素类色素有：叶黄素、玉米黄素、隐黄素、番茄黄素、番茄叶黄素、辣椒红素、柑橘黄素、杏菌红素、虾黄素、β-酸橙黄素、胭脂树橙色素、藏花酸等。

2. 类胡萝卜素的性质

类胡萝卜素大多数是脂溶性物质，耐pH变化，比较耐热，在Zn、Cu、Sn、Al、Fe等金属存在下也不易破坏，只有强氧化剂才能使它破坏褪色，因此在罐藏及其他加工处理过程中不易损失。类胡萝卜素的破坏主要是由于光敏氧化作用，双键过氧化饱和后发生裂解而失去颜色。

类胡萝卜素的氧化破坏与其所处的状态有很大的关系，提取后的类胡萝卜素对光、热、氧较敏感，而在细胞中与蛋白质结合态时却相当稳定。

3. 类胡萝卜素在烹饪加工及储藏中的变化

就类胡萝卜素本身的颜色而言，在多数加工和储藏条件下是相当稳定的，变化只是轻微的。在热、酸和光的作用下，易发生顺反异构变化引起颜色在黄色和红色范围内轻微变动，如加热胡萝卜会使金黄色变为黄色，番茄加热会使红色变为橘黄。但在有些加工条件下，由于类胡萝卜素在植物受热时从有色体中转出而溶于脂类中，从而在组织中改变存在形式和分布，在有氧、酸性和加热条件下类胡萝卜素可能降解。受热时组织的热聚集或脱水等，也严重影响含类胡萝卜素食物的色感。如虾青素（虾黄素）在鲜虾壳中与蛋白质结合就形成虾壳中的蓝色，当虾煮熟后，蛋白质与虾青素的结合被破坏，虾青素就被氧化成砖红色的虾红素。

类胡萝卜素具有一定的抗氧化活性，能抑制脂质过氧化，清除自由基，防止细胞氧化损伤。

（四）花青素

花青素属于多酚类色素。紫薯、紫甘蓝、紫洋葱、蓝莓、桑葚、紫黑樱桃、黑花生、黑米、黑大豆、黑玉米等的颜色大多与之有关，呈现从紫红色、紫色、蓝紫色到紫黑色的色调。花青素的主要性质有：

（1）花青素是水溶性色素，在淘洗、烹饪时会大量流失。如黑豆、黑米浸泡过程中水会变黑，煮紫番薯的水会变紫等都是其中的花青素溶出的缘故。

（2）同一种花青素会因介质pH改变而显现不同的颜色，如在酸性条件下呈红色，微碱性条件下呈紫色。据此可以鉴别黑米或黑豆的真伪。果蔬在成熟前后分别出现不同的颜色，同一种花青紫在不同的花果中呈现不同颜色，也与此有关。花青素在酸性环境下较稳定。

（3）同其他大多数天然色素一样，花青素的弱点也是稳定性差，不耐光、热、氧化剂与还原剂的作用，容易褪色。

（五）红曲色素

红曲色素是由红曲霉菌所分泌的色素，我国民间将其作为食品着色剂有着悠久的历史。红曲色素有6种不同成分，其中黄色、橙色和紫色各两种。

红曲色素具有以下性质特点：

（1）对pH稳定，不像其他天然色素那样易随pH的变化而发生显著变化；

（2）耐热、耐光性强；

（3）抗氧化剂、还原剂的能力强；

（4）不受金属离子的影响；

（5）对蛋白质的着色性很好。

因此，常用于红肠、红腐乳、酱肉、粉蒸肉以及酱类、糕点、果汁的着色。

二、褐变产生的色素

褐变是果蔬等烹调原料中普遍存在的一种变色现象。褐变不仅影响外观、降低营养价值，而且往往是烹饪原料败坏不能食用的标志。

根据其发生的机理不同，可分为酶促褐变和非酶褐变两大类。

（一）酶促褐变

酶促褐变常发生在水果、蔬菜等新鲜植物性烹饪原料中。当果蔬等烹饪原料发生机械性损伤（如削皮、切开、压伤等）及处于异常环境变化（如受冻、受热等）时，便会发生酶促褐变而造成变色。这类需要和氧接触、由酶催化而产生的褐变称为酶促褐变。香蕉、苹果、梨、茄子、马铃薯等都是很容易在削皮或切开后褐变的食物，应尽可能避免其产生褐变。

酶促褐变是酚酶催化酚类物质氧化形成醌及其聚合物的结果。烹饪原料组织中含有酚类物质，在完整细胞组织中，酚类物质作为呼吸传递体，在酚-醌间保持动态平衡。当细胞破坏后，氧就大量侵入，造成醌的形成和还原之间的不平衡，于是发生了氧化产物醌的积累。

酶促褐变的发生，需要有三个条件：适当的酚类物质、酚氧化酶和氧。现实地控制酶促褐变的方法主要从控制酶和氧气两方面入手，主要方法有：

1. 热处理法

在适当的温度和时间条件下，加热新鲜果蔬，使酚酶及其他所有的酶失活。这是最广泛使用的控制酶促褐变的方法。热烫和巴氏消毒处理都属于这类方法。加热处理的关键是在最短的时间内达到钝化酶的要求，又不影响食物原有的风味。如蔬菜在冷冻保藏或在脱水干制之前需要在沸水或蒸汽中进行短时间的热烫处理，以破坏其中的酶，然后用冷水或冷风迅速将果蔬冷却，停止热处理作用，以保持果蔬的脆嫩。

水煮和蒸汽处理是目前广泛使用的热烫方法，可使组织内外迅速一致受热，对质构和风味的保持非常有利。

2. 驱除或隔绝氧气法

将去皮切开的水果、蔬菜浸泡在水中隔绝氧，可防止酶促褐变。更有效的方法是在水中加入抗坏血酸，使抗坏血酸在自动氧化过程中消耗果蔬切开组织表面的氧，使表面生成一层氧化态抗坏血酸隔离层。

知识链接

酶

酶是一类生物催化剂，是生物活性细胞所分泌的具有催化活性的蛋白质，控制着所有生物大分子和小分子的合成与分解。

根据酶的组成可将酶分为单纯蛋白质酶类和结合蛋白质酶类。单纯蛋白质酶类由酶蛋白组成，酶蛋白本身即具催化活力，多数水解酶类如胃蛋白酶、胰蛋白酶等都属此类。结合蛋白酶类由酶蛋白和非蛋白质部分组成，其中酶蛋白必须与特异的辅基（或辅酶）结合才具有活性。非蛋白质部分包括有机分子和金属离子，有机分子中与酶蛋白结合比较紧密不容易分开的称为辅基；与酶蛋白结合不紧密，容易分开的称为辅酶。辅酶、辅基和金属离子统称为酶的辅助因子。酶蛋白与辅基或辅酶所组成的具有催化作用的复合体称为全酶。氧化还原酶类即属结合蛋白酶类。

酶分子中直接与底物结合并与其催化性能直接有关的一些基团所构成的微区称为酶的活性中心，包括结合中心（决定酶的专一性）和催化中心（决定酶的催化能力）。酶与一般催化剂相比，其突出的特点是高效率和专一性。

酶的专一性是指一种酶只能作用于一类化合物或一定的化学键，发生一定的反应，得到一定的产物。根据各种酶对底物选择性的严格程度不同，酶的专一性分为绝对专一性（一种酶只能催化一种底物进行一种化学反应）、相对专一性（能作用于某一类化合物或化学键）和立体异构专一性。其中相对专一性又包括键专一性（只能对某一种化学键起作用，而对组成键的基团要求不严）和基团专一性（对某一化学键和该键两侧的基团均有要求）。

生物体内酶的种类很多（近2000种），但辅酶的种类却很少，通常一种酶蛋白只能与一种辅酶结合成为一种特异性的酶。但一种辅酶往往能与不同的酶蛋白结合构成许多特异性的酶。酶蛋白决定酶的专一性。

由于酶的化学本质是蛋白质，所以，凡能影响蛋白质的因素都会或多或少地影响酶的催化能力。

（二）非酶褐变

在烹饪或食品储藏加工中经常发生的与酶无关的褐变称为非酶褐变。这类褐变常伴随着热加工和长时间储藏而发生。非酶褐变的机制中虽然还有些现象的化学过程尚未完全清楚，但基本上已知有三种类型的机制在起作用，即羰氨反应褐变作用、焦糖化褐变作用、抗坏血酸褐变作用。

1. 羰氨反应褐变

羰氨反应褐变是羰基化合物与氨基化合物之间经过一系列复杂化学反应之后形成的深色物质的结果，几乎所有食物都会发生。烹饪、食品加工中常常利用羰氨反应来增加食物色泽和风味，但某些食品，如乳品、植物蛋白饮料等，在生产时则需严格控制条件避免羰氨反应的发生，以免对这些食品的色泽造成不良影响。

2. 焦糖化褐变作用

焦糖化褐变是单糖在没有含氨基化合物存在的情况下，加热到熔点以上的高温时，因糖发生脱水与降解等复杂变化而产生的褐变。这种褐变可产生焦糖色素和焦香气味，还能改善食品质构，减少水分，增强食品抗氧化性和防腐能力。

3. 抗坏血酸褐变作用

该作用在果汁及果汁浓缩物的褐变中起着重要作用，尤其是柑橘类果汁在储藏过程中色泽变暗，放出二氧化碳，同时抗坏血酸含量也降低，这些都是由于抗坏血酸自动氧化造成的。

必须指出，羰氨反应褐变、焦糖化褐变、抗坏血酸褐变往往同时发生，也具有一些共同的中间产物，因而很难确定到底是哪一种非酶褐变在起作用。

羰氨反应和焦糖作用是脱水干制过程中常见的非酶褐变，二者的区别是前者为氨基酸与还原糖的相互反应，而后者是糖先裂解为各种羰基中间产物，然后聚合成褐色物质。抗坏血酸褐变主要发生在富含维生素C的果汁中。

三、人工合成色素

人工合成色素是指用人工化学合成方法所制得的有机色素。合成色素与天然色素相比较，具有色泽鲜艳、着色力强、性质稳定和价格便宜等优点，因而在食品加工行业中普遍使用。随着社会的发展和人民生活水平的提高，人们对合成色素的安全问题提出了疑问。与此同时，大量的研究报告指出，几乎所有的合成色素都不能向人体提供营养物质，某些合成色素甚至会危害人体健康。于是，世界各国相继规定禁用、限用某些焦油色素。目前较普遍准用的人工合成色素大约有10种，我国允许限量限对象使用的有胭脂红、苋菜红、柠檬黄、日落黄、靛蓝、亮蓝、赤藓红和新红8种。

（一）胭脂红

胭脂红，是水溶性色素，在体内还原为黄色代谢产物。微溶于乙醇，不溶于油脂，无臭味，耐光、耐热，对酒石酸、柠檬酸稳定，但对还原剂敏感，能被细菌所分解，遇碱变褐色。胭脂红着色力强、安全性高，可用于饮料、配制酒、糖果、糕点、果冻等多种食品。

（二）苋菜红

苋菜红属于偶氮类水溶性色素，呈红褐色或暗红褐色颗粒或粉末，无臭味，可溶于甘油及丙二醇，微溶于乙醇，不溶于脂类；对光、热和盐类较稳定，耐酸，但在碱性条件下易变为暗红色；对氧化剂、还原剂比较敏感，不宜用于有氧化剂或还原剂存在的食物（如发酵食品）的着色。适用于固体汤料、配制酒、糖果、糕点、汽水和果子露等的着色。

（三）柠檬黄

柠檬黄也属于偶氮类水溶性色素，为橙黄色的颗粒或粉末，无臭味，溶于甘油、丙二醇，稍溶于乙醇，不溶于油脂，对热、酸、光及盐稳定，对氧化剂敏感，遇碱变红色，遇还原剂褪色。柠檬黄着色力强，是应用最广泛的合成色素，可用于冷饮、果酱、蜜饯、盐渍蔬菜、糖果、糕点、饼干等食品。

（四）日落黄

日落黄是橙黄色均匀粉末或颗粒。耐光、耐酸、耐热，易溶于水、甘油，微溶于乙醇，不溶于油脂。对酒石酸和柠檬酸稳定，遇碱变红褐色。日落黄安全性比较高，可用于饮料、配制酒、糖果、果冻和油炸小食品、膨化食品等。

（五）靛蓝

靛蓝为蓝色均匀粉末，属于靛类色素，其水溶液呈蓝紫色，在水中溶解性比其他合成色素低，溶于甘油、丙二醇，不溶于乙醇和油脂，对热、光、酸、碱、氧化剂均较敏感，耐盐性差，易为细菌分解，遇还原剂褪色，但染色力好，常与其他色素配合使用。可用于蜜饯、盐渍蔬菜、糖果、糕点、饼干、饮料、配制酒、油炸食品和膨化食品等。

（六）赤藓红

赤藓红又名樱桃红或新酸性品红，属氧蒽类染料，水溶性色素，对碱、热、氧化剂、还原剂稳定，染着力强，但耐酸及耐光性弱，在pH<4.5的条件下，形成不溶性的酸。在消化道中吸收不良，即使吸收也不参与代谢，故被认为安全性比较高。常用于配制酒、油炸小食品和膨化食品。

探究

不同颜色食物的补养关系

中医有“木、火、土、金、水”五行学说，其相对应的颜色分别是青、赤、黄、白、黑五色，相对的脏腑分别是肝、心、脾、肺、肾五脏，相对应的性味分别是酸、苦、甘、辛、咸五味。《素问·五脏生成篇》称五色、五味与五脏相合的关系是：“白色、辛味与肺相合，赤色、苦味与心相合，青色、酸味与肝相合，黄色、甘味与脾相合，黑色、咸味与肾相合。”可见，根据五色五味五脏的理论，可知某种颜色和性味的食物与药物可以有益于对应脏器的健康或治疗该脏器的疾病。

绿色食物：入肝经，如各种新鲜蔬菜、绿豆、绿色水果等食物，能提供多种维生素和膳食纤维，这些营养素能调节人体的许多生理功能，如视觉能力、免疫力等。

红色食物：入心经，如各种畜禽肉类、鱼虾、红豆、红枣等食物，是优质蛋白质、脂肪、无机盐和微量元素的来源，具有补血活血及补阳的功效。

黄色食物：入脾经，如大豆、花生、香蕉等食物，含有大量植物蛋白和不饱和脂肪酸，可提升人体免疫力。

白色食物：入肺经，如大米、面粉、牛奶、杏仁等食物，可使人体获得淀粉、蛋白质、维生素等多种营养素，有助于呼吸系统。

黑色食物：入肾经，如紫米、黑豆、海带、黑芝麻、黑木耳等，含有多种抗氧化成分，能延缓衰老。

第二节 烹饪原料及其制品中的香气成分

香气是由多种呈香挥发性物质所组成的混合物，香气成分种类多而复杂，一般分子量较小的成分容易挥发，在烹饪温度下能形成挥发性香味物质微粒，可通过人的嗅觉来感知。

香气是菜肴风味的重要组成，是评价菜肴质量的重要指标，也是烹饪所要追求的目标。

菜肴香气成分，来源于烹饪原料的生物合成（包括微生物作用）、烹饪时温度作用下各种成分的化学变化以及烹饪时的赋香调香。

一、烹饪原料中的香气成分

（一）植物性烹饪原料中的香气成分

1. 水果的香气成分

水果中的香气成分主要是有机酸酯、萜类、醇类、醛类化合物。

苹果中的主要香气成分包括醇、醛和酯类。异戊酸乙酯、乙醛和反-2-己烯醛为苹果的特征气味物。

香蕉的主要气味物包括酯、醇、芳香族化合物、羰基化合物。其中以乙酸异戊酯为代表的乙、丙、丁酸与四碳至六碳醇构成的酯是香蕉的特征风味物，芳香族化合物有丁香酚、丁香酚甲醚、榄香素和黄樟脑。

菠萝中的酯类化合物十分丰富，己酸甲酯和己酸乙酯是其特征风味物。

葡萄中特有的香气物是邻氨基苯甲酸甲酯。

西瓜、甜瓜等葫芦科果实的气味由两大类气味物质组成：一是顺式烯醇和烯醛；二是酯类。

柑橘果实中萜、醇、醛和酯都比较多，但萜类最突出，是柑橘类果实的特征性风味物质。

2. 蔬菜的香气成分

蔬菜总体香气比较弱，但气味多样。

百合科蔬菜（葱、蒜、洋葱、韭菜、芦笋等）具有刺鼻的芳香，其主要的风味物是含硫化合物，如二丙烯基二硫醚（洋葱气味），二烯丙基二硫醚（大蒜气味），2-丙烯基亚砜（催泪而刺激的气味），硫醇（韭菜中的特征气味物之一）。

十字花科蔬菜最主要的气味物也是含硫化合物，如甘蓝中的硫醚、硫醇和异硫氰酸酯及不饱和醇与醛为主体风味物，异硫氰酸酯也是萝卜、芥菜和花椰菜中的特征风味物；而在伞形花科的胡萝卜和芹菜中，萜烯类气味物突出，与醇类和羰基化物共同形成有点刺鼻的气味。

黄瓜和番茄具有清鲜气味，其特征气味物是C6或C9的不饱和醇与醛，如2,6-壬二烯醛、2-壬烯醛、2-己烯醛。青椒、莴苣和马铃薯也具有清鲜气味，其特征气味物为嗪类，如青椒中主要为2-甲氧基-3-异丁基吡嗪，马铃薯的特征气味物之一为3-乙基-2-甲氧基吡嗪，莴苣的主要香气成分为2-异丙基-3-甲氧基吡嗪和2-仲丁基-3-甲氧基吡嗪。

青豌豆的主要成分为一些醇、醛、吡喃类。

食用菌类，以风味鲜美和富含蛋白质及多种维生素而受到人们的喜爱。蘑菇的挥发性成分已鉴定出20多种，其中呈强烈蘑菇香的主成分为3-辛烯-1-醇。香菇子实体内有一种特殊的香气物质，经烘烤或晒干后能发出异香，即香菇精（也称蘑菇香精伞）。

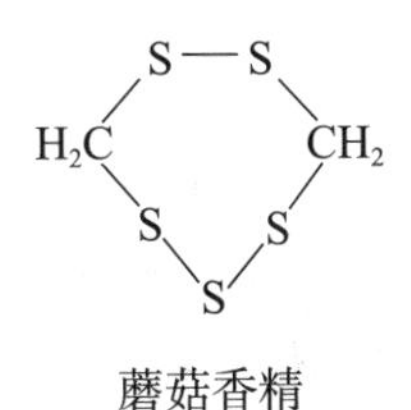

蘑菇香精

3. 植物香料的香气成分

植物香料是一些植物的种子、茎、叶、根、皮或花蕾，常用的有生姜、大蒜、茴香、肉桂、花椒、胡椒、辣椒、丁香以及香葱等，大约有70多种。植物香料含有香味成分和辣味成分。香味成分主要是萜类化合物。几种常用植物香料的风味特征见表6-1。

表6-1　常用植物香料的风味特征

名称	特点	风味特征及其强度						
		辣味	芳香	苦味	甘味	脱臭性	着色性	防腐性
胡椒	强烈芳香并具麻辣味	强烈	强	—	—	强	—	强
芥末	刺激性香气并有辛辣味	强烈	—	—	—	—	—	强
小豆蔻	樟脑型香气而微苦	强	强烈	强	—	—	—	—
花椒	香兼有麻辣味	强烈	强	—	—	强	—	—
肉桂	芳香有刺激性	强	强烈	—	强	—	—	—
丁香	强烈芳香有麻辣味	强	强烈	—	—	强	—	—
小茴香	芳香浓郁	—	强烈	—	强	强	—	—
芫荽	特殊香气	—	强烈	—	强	—	—	—
洋苏叶	强烈芳香，具凉苦味	—	强	强	—	强	—	—
月桂叶	清香味	—	强	轻微	—	强	—	—
砂红	芳香浓醇而清凉	—	强	强	—	—	—	—

香辣调味料在烹饪中用途很广，不仅具有增香作用，而且还具有抗菌、防腐、抗氧化以及特殊的食疗作用。

（二）动物性烹饪原料中的香气成分

1. 肉类的香气

肉的香气随着屠宰前及屠宰过程的条件、动物品种、年龄、性别、饲养状况不同而有所改变。

肉的香气主要来源于肌肉和脂肪部分，脂肪部分的气味往往更大一些。不同肉的气味不同，这主要决定于其脂溶性的挥发性成分，特别是短链脂肪酸，如乳酸、丁酸、己酸、辛酸、己二酸等。带有分支的脂肪酸、羟基脂肪酸使肉味带臊气，如羊肉的膻气成分是4-甲基辛酸、4-甲基壬酸。不同性别的动物肉，其气味往往还与其性激素有关。如末阉的性成熟雄畜（种猪、种牛、种羊等）具有特别强烈的臊气，而阉过的公牛肉则带有轻微的香气。

畜肉在成熟期间，由于黄嘌呤、醚、醛类化合物的积聚会改善肉的气味。但腐败时的肉，由于微生物的繁殖，产生硫化氢、氨、尸胺、组氨等具有令人厌恶的腐败臭气，所以腐败肉不能再作为烹调加工的原料。

2. 乳品香气

乳品具有鲜美可口的香味，其组成成分很复杂。牛乳中的脂肪吸收外界异味的能力较强，特别是在35℃，其吸收能力最强。因此刚挤出的牛乳应防止与有异臭气味的物料接触。

各种乳制品都是以鲜乳为原料经过加热消毒处理后的产品，所以它们的香气成分大体相似，既有天然的香气成分，也有因加热、酶促、微生物、自动氧化等产生的气味成分，主要有挥发性有机酸、羰基化合物、酯类和微量的甲硫醚。其中甲硫醚是构成牛乳风味的主体，含量很少。牛乳有时有一种酸败味，主要是因为牛乳中有一种脂酶，能使乳脂水解生成低级脂肪酸（如丁酸）。

牛乳及乳制品长时间暴露在空气中因乳脂中不饱和脂肪酸自动氧化产生α，β-不饱和醛而出现氧化臭味。牛乳在日光下也会产生日光臭（日晒气味）。这是因为蛋氨酸会降解为β-甲巯基丙醛。

新鲜黄油的香气主要由挥发性脂肪酸、异戊醛、3-羟基丁酮等组成。发酵乳品是通过特定微生物的作用，产生了乳酸、乙酸、异戊醛等重要风味成分，同时乙醇与脂肪酸形成的酯给酸奶带来了一些水果气味，在酸奶的后熟过程中，酶促作用产生的丁二酮是酸奶重要的特征风味物质。

3. 鱼类气味

鱼类代表性的气味即为鱼的腥臭味，它随着鲜度的降低而增强。

鱼腥味的主要成分为三甲胺。新鲜的鱼中很少含有三甲胺，而在鲜度下降之后的鱼体中大量产生，这是由氧化三甲胺还原而生成的。除三甲胺外，还有氨、硫化氢、甲硫醇、吲哚、粪臭素以及脂肪氧化的生成物等。这些多是碱性物质。烹制时，加适量料酒或食醋，一方面醋或料酒中的酸性物质与碱性的腥味物质中和，另一方面随着乙酸或乙醇的挥发可以带走部分挥发性的腥味物质而达到去腥的效果。

海水鱼含氧化三甲胺比淡水鱼高，故海水鱼比淡水鱼腥味强。

海参类含有壬二烯醇，具有黄瓜般的香气。鱼体表面的黏液中含有蛋白质、卵磷脂、氨基酸等，因细菌的繁殖作用即可产生氨、甲胺硫化氢、甲硫醇、吲哚、粪臭素、四氢吡咯、四氢吡啶等而形成较强的腥臭味。

（三）发酵性烹饪原料中的香气成分

发酵性烹饪原料中的香气主要由微生物作用于蛋白质、糖、脂肪等而产生，主要成分是醇、醛、酮、酸、酯等。而微生物代谢产物繁多，各种成分比例各异，因此风味各异。

1. 酒类

（1）酒类香气的来源　由于酿酒原料、酿造方法和酿酒菌种及其条件不同，香气物质的含量比例也不相同，因而不同类别的酒类具有明显不同的香气成分。酿造酒中的香气来源：

①原料中原有的物质在发酵时转入酒中；

②原料中挥发性化合物，经发酵作用变成另一种挥发性化合物；

③原料中所含的糖类、氨基酸类及其他原来无香味的物质，经微生物的发酵，而产生香味物质；

④储藏后熟阶段因残存酶的作用以及长期而缓慢的化学变化而产生许多重要的风味成分。

（2）酒类香气的主要成分　各种黄酒中，香气物质约有70种，主要是醇、酸、酯、醛、酮五类物质。香气物质的含量因黄酒的储藏时间不同而有所不同，储藏8～10年的黄酒，其中乙酸乙酯等酯类含量明显多于储藏2～3年的黄酒。这是因为黄酒中，除乙醇外还含有一些有机酸，这些有机酸能与乙醇生成不同的酯类，而酯类物质具有很好的香味。由于生成酯类的反应速度很慢，需要较长的时间，所以陈酒具有比新酒更好的香味。

在各种白酒中已鉴定出了300多种挥发性成分。醇是酒的主要香气物质，除乙醇外的正丙醇、异丁醇、异戊醇等统称为杂醇油。如果酒中杂醇油含量高则使酒产生异杂味，含量低则酒的香气不够。杂醇油主要来源于发酵原料中蛋白质分解的氨基酸，经生成相应的醛后还原生成醇。乙酸乙酯、乳酸乙酯、乙酸戊酯是酒中主要的酯，乙酸、乳酸和己酸是主要的酸，乙醛、糠醛、丁二酮是主要的羰基化合物。

啤酒中也已鉴定出了300种以上的挥发成分，但总体含量较低，主要是醇、酯、羰基化合物、酸和硫化物，双乙酰是啤酒特有的香气成分之一。发酵葡萄酒中香气物更多，有350种以上，除了醇、酯、羰基化合物外，萜类和芳香族类物质含量也较多。

（3）酒在烹调中的作用

①去除腥味：酒是很好的有机溶剂，能溶解多种有机化合物，具有腥味的胺就能溶解在酒中，其腥味可随着酒的挥发而消失。

②改善风味：肉类、禽类、鱼类在烹调或腌制时加酒，不仅可除去腥味，还可改善风味，如果用多年的陈酒，则风味更好。

酒中的乙醇能改变菌体胞膜通透性，可使菌体内的酶和重要营养物质漏失，使菌体溶解或破坏而起到防腐保质的作用。

知识链接

酒主要是用发酵法和合成法生产。1930年以前，世界上所有的工业用乙醇都是发酵法生产的。发酵法起源于我国，远在夏商时代我国人民就已经知道用发酵法制酒。发酵法是用含淀粉丰富的农产品为原料，在酶的催化下，依次转化为麦芽糖，葡萄糖，最后变成酒精。

2. 酱类

酱制品是以大豆、小麦为原料，由霉菌、酵母菌和细菌综合发酵生成的调味品，其中的香味成分十分复杂，主要是醇类、醛类、酚类、酯类和有机酸等。醇类中以乙醇最多。

酱油中还有由含硫氨基酸转化而得的硫醇、甲基硫等香味物质，其中甲基硫是构成酱油特征香气的主要成分。

3. 火腿

火腿是一种发酵性食品，风味独特，营养丰富，还具有多种保健作用。

火腿加工过程中，猪腿肉经过内源酶和微生物共同作用后，蛋白质、脂肪等成分降解，产生大量的小分子降解物，包括醇类、醛类、酮类、多种游离氨基酸、核苷酸、杂环化合物以及含硫、含卤素的化合物，特别是游离氨基酸含量明显高于鲜猪腿肉，其中又以谷氨酸、天冬氨酸等鲜味氨基酸含量更高。这些降解物具有芳香特性，可分为挥发性和非挥发性两类，挥发性降解物形成香气，非挥发性降解物形成滋味，并且随着发酵时间的延长，这些香味物质和鲜味物质的含量更高。

二、烹饪过程中形成的香气成分

烹饪原料经过加工、烹制等技术处理以后，香气成分等风味物质在种类和含量上都会有较大的变化。

（一）畜禽肉类熟制品的香气

因美拉德反应、氨基酸热解、脂肪热氧化降解以及维生素B_1的热降解而得到的反应产物是畜禽熟肉制品和菜肴香气的主体。就牛肉而言，起重要作用的化合物就有40种。

熟猪肉的香气成分与牛肉多有相同之处，但以γ-内酯和δ-内酯占多数，不饱和的羰基化合物和呋喃类化合物含量也不少。

熟羊肉的香气成分主要受羊脂肪的影响，含硫和含氮的成分与牛肉相似。

熟鸡肉的特征香气是硫化物和羰基化合物。

畜禽肉类制品的香气成分与热处理方式有很大的关系，同一块肉用不同的烹调方法加工，其风味也不相同。

肉类在烧烤时产生美好的香气，有200多种，主要是糖和氨基酸反应生成的各种挥发性物质，以及油脂分解和含硫化合物热分解的生成物。在这些成分中，没有哪一种成分单独具有特征性的肉香味，显然，肉香味是这些成分综合作用的结果。

（二）鱼、贝类熟制品的香气

鱼、贝、虾、蟹气味的主要成分是胺类、酸类、羰基化合物和含硫化合物，还有少量的酚类和醇、酯等。这些成分经加热煮熟后会产生很大的变化，熟鱼所含的挥发性酸、含氮化合物和羰基化合物构成了诱人的香气。但不同品种的鱼，其香气组成的变化很大。而烤鱼、熏鱼等则因调料改变了其风味成分。

（三）蔬菜烹调时的香气

大多数蔬菜都要烹熟后才能食用，但是蔬菜一经烹熟，其香气成分将会发生显著变化。如刺激性气味很强的洋葱、韭菜、香葱、大蒜等百合科蔬菜，在受热后，呈现特征气味的含硫化合物会降解，香辣催泪的气味会下降。十字花科的洋白菜、花椰菜、芥菜和小萝卜等的特征香气成分异硫氰酸酯，也会因加热而分解成腈类产物，并促进其他含硫化合物的降解和重排。茄科的番茄、柿子椒、马铃薯等受热烹调后含有的芳香气味成分近50种，有饱和与不饱和醛酮、芳香醛和酮，饱和与不饱和醇，还有含硫化合物、含氮化合物和呋喃类化合物等。伞形科的胡萝卜、芹菜等在烹熟以后风味变化也很大，比如芹菜烹熟后含有较多的甲醇和乙硫醇。

（四）粮食在烹调时产生的香气

大米饭刚煮好时有一般诱人的香气，其挥发性成分有40余种，主要是低分子的醇、醛、酮类化合物。据报道，大米的特殊品种香米，其香气的关键成分是2-乙酰基-1-吡咯啉，香米中的含量是普通米的10倍。米糠也有特殊的香气，对米饭香气贡献最大的是酮类化合物。

玉米经烘烤后香气成分的变化很大，有相当多的吡嗪等含氮化合物出现。

生大豆磨碎后有豆腥味，主要成分是己醇、己醛、乙基乙烯基酮等，而烘炒大豆的香气则以12种吡嗪类化合物为主。

（五）油脂在烹调时产生的香气

油脂在烹调中的增香作用主要表现在两个方面：一方面，油脂本身具有香味，在高温作用下，还会发生多种复杂的化学反应生成芳香物质，或油脂作为芳香物质的溶剂将芳香物质溶解出来，从而增加菜肴的香味；另一方面，通过油脂的高温加热使原料产生香气成分，如葡萄糖加热后会生成呋喃和多种羰基化合物，淀粉受热会生成有机酸、酚类等多种香气成分，氨基酸也能与油脂中的羰基发生羰氨反应，从而产生诱人的香气。

知识链接

烹饪赋香调香

烹饪中，许多原料本身并无香味或香味不足，此时常需要添加调味香料，通过让香料中的香气成分在烹饪过程中转移到整个菜肴中，以增强香味，这种作用称赋香，也称调香。通常采用借香、合香、点香、裱香和提香等五种方法。

（1）借香　原料本身无香味，如海参、鲍鱼、鱼翅等食材，需从其他原料或调味香料借香，可用辛香料炝锅或与禽、肉类（包括火腿等）共同烹制。

（2）合香　原料本身有香味，但不足或单一，通过与其他原料或调味料合烹来增加香味的复合性。如炖鸡或炖鸭时加猪肉、火腿、香菇、竹笋等，可形成独特的复合香味。

（3）点香　原料本身有香味，但还不够强烈，需加适当的原料或调味料补缀。如烹制菜肴，在出锅前淋点香油，加点大蒜、葱末、姜末、胡椒粉或香菜等，既增香又调味。

（4）裱香　一些菜肴需要特殊浓烈的香味来覆盖其表，如熏肉、熏肠、熏鱼等食品的加工中，需采用不同的熏料进行烟熏，使食材吸收烟中的具有香味的挥发性物质而形成特殊的风味。

（5）提香　通过调控烹饪时间和温度等因素，使烹饪原料和调味料中的香气成分最大限度地溶出、扩散、吸附，达到最佳香味效应的一种方法。烧、焖、扒、炖、熬等需要较长时间烹制的菜肴，提香效果更为理想。

此外，必要时还可通过添加食用香精、香味增强剂来增加菜肴的香气。

第三节　烹饪原料及其制品中的呈味物质

滋味也称味感，是呈味物质在口腔内给予味觉器官的刺激。这种刺激可以是单一的，但多数情况下是复合性的。

滋味包括甜、酸、苦、咸、鲜、涩、碱、凉、辣、金属味等10种。其中甜、酸、咸、苦是基本的滋味。滋味的感受体主要是舌头上的味蕾。

滋味除主要受呈味物质的种类、浓度影响外，还受呈味物质之间的相互作用和菜肴温度、味觉疲劳等因素影响。

呈味物质之间的相互作用包括相乘作用、对比作用、相消作用和变调作用四种。

相乘作用是指两种或两种以上的不同呈味物质混合在一起，使味感强度猛增的现象。如95g味精与5g肌苷酸混合时，会产生相当于600g味精单独呈现的鲜味强度。烹饪中，将鸡、鸭、鱼、蛋等含肌苷酸多的动物性原料与含鸟苷酸、鲜味氨基酸多的冬笋、竹笋、香菇、蘑菇之类的植物性原料共炖或共煨时，也可产生味的相乘作用，使得菜肴鲜美可口。

对比作用是指把两种或两种以上的不同呈味物质以适量的浓度混合在一起，导致其中一种呈味物质的味道更加突出的现象。如在15%的砂糖水中加入0.17%的食盐后，会感到其甜度比不加食盐时更大，“要使甜，先加盐”说的就是这个道理。同样，味精在有食盐存在时鲜味也会增加。

相消作用是指两种不同味感的呈味物质以适当浓度混合以后，可使每一种味觉比单独存在时所呈现的味觉有所减弱的现象。白糖与食盐有相消作用，因此，当烹饪放盐过多时，可加适量白糖来消减咸味。白糖与食醋也有相消作用，当烹饪放醋过多时，也可通过加糖来消减醋的酸味。

变调作用是指由于受某一种呈味物质的影响，使得另一种呈味物质原有的味觉发生改变的现象，也称转化作用。如尝过食盐之后，即刻饮无味的清水也会感到有些甜味，这就是滋味的转化作用。

一、甜味物质

1. 蔗糖

广泛存在于植物中，尤其在甘蔗和甜菜中含量较多，食品工业中以甘蔗和甜菜为原料生产蔗糖。常温下100g蔗糖可溶于50mL水中，溶解度随温度的升高而增加，单独加热蔗糖，160℃时熔融，继续加热则发生脱水，加热至190～220℃时生成黑褐色的焦糖。蔗糖很容易被酵母发酵。

蔗糖在烹调中除了增加甜味，还有消腥去腻，除臭味，校正口味，减少和抑制原料的咸、苦、涩味，缓和辣味的刺激感，丰富菜肴的口味，增加香气和鲜美味，使菜肴显得柔和和醇厚，菜肴的味汁变得浓稠，并且还可起到着色、增色和美化菜肴的目的。

2. 麦芽糖

在植物体内存在很少，当种子发芽时酶水解淀粉能生成麦芽糖，在麦芽中含量特别多。麦芽糖的甜度约为蔗糖的1/3，味较爽口。

淀粉经酶水解后，得到的糊精与麦芽糖的混合物称为饴糖。

饴糖是制作某些菜肴的主要原料，在制作烤鸭时常用饴糖，此外在制作糕点时，加入一定量的饴糖，不仅可以增加糕点的甜味，还能帮助糕点着色，保持其色泽鲜艳，特别是做颜色较深的糕点时很适用。

3. 蜂蜜

蜂蜜为蜜蜂自花的蜜腺中所采集的花蜜，为淡黄色至红黄色的强黏性透明浆状物，在低温下则有结晶。较蔗糖甜，全部糖分约80%，其组成中葡萄糖约36.2%，果糖约37.1%，蔗糖约2.6%，糊精约3.0%。蜂蜜因花的种类不同而各有其特殊风味。它含果糖多，不易结晶，易吸收空气中水分，可防止食品干燥，多用于糕点、丸药的加工。

蜂蜜也是烹饪中常用的一种甜味剂，广泛应用于糕点制作和一些风味菜肴中，在制作蜜汁类菜肴时，蜂蜜是一种很重要的原料，如“蜜汁银杏”“蜜汁湘莲”“蜜汁藕片”等。在制作糕点中使用蜂蜜不仅具有调味作用，而且能使制品绵软、质地均匀，并能防止糕点制品的表面干燥开裂。

4. 人工合成甜味剂

（1）糖精钠　糖精钠是人工合成的非营养型甜味剂。白色粉末，易溶于水，甜度是蔗糖的200～700倍（一般为500倍），有后苦味，与酸味剂同用于清凉饮料之中可产生爽快的甜味，不允许单独作为食品的甜味剂，必须是与蔗糖共同使用以代替部分蔗糖。糖精钠不得应用于婴幼儿食品、病人食物和人们大量食用的主食（如馒头）等。

糖精钠水溶液在常温下长时间放置后，甜味会逐渐降低。因此当糖精钠被配成溶液后不宜长时间放置。此外，糖精钠的水溶液对热稳定性比较好，在一般的加热温度下，不易被分解破坏。

糖精作为甜味物质，其后味有点苦，但加入少量的谷氨酸钠等后，可使其后味变得相当柔和。使用时可添加谷氨酸钠的量为糖精钠的1%～5%。

（2）甜蜜素　甜蜜素也是人工合成的非营养型甜味剂，是一种白色结晶性粉末，溶于水。甜味为蔗糖的40～50倍，甜味非常接近蔗糖，40%由尿排出，60%由粪排出，无蓄积现象。

甜蜜素具有性质稳定，耐热、耐酸、耐碱，不吸潮，无色、无味，清澈透明等优点，烹饪中可用于烧、煮、煎、炸以及腌制原料，还能用作各种饮料、甜面点、蜜汁菜肴的甜味料。用甜蜜素制成的食物或菜肴长时间与空气直接接触，不会产生回潮吸湿现象。

二、酸味物质

1. 食醋

食醋是烹饪中最常用的调味料之一，它用含淀粉或糖的原料经发酵制成，含有3%~5%的醋酸和其他的有机酸、氨基酸、糖、酚类、酯类等。食醋的酸味比较温和，是最常用的烹调用酸。

食醋在烹饪中的主要作用：增加菜肴的香味，去除不良味道和气味；减少维生素C、维生素B_1等的损失；促进原料中钙、磷、铁等无机物的溶解和吸收；预防果蔬的褐变等。另外，食醋还有刺激食欲、促进消化和舒筋活血的作用。

2. 柠檬酸

柠檬酸是水果蔬菜中分布最广的有机酸，也是在食品工业中使用最广的酸味剂，因最初从柠檬中制取而得名。

柠檬酸易溶于水及乙醇，难溶于乙醚。在柑橘类及浆果中含量最多，并且大多与苹果酸共存，在柠檬中可达干重的6%~8%。柠檬酸在冷水中比热水中易溶，酸味圆润、滋美，入口后即可达到最高酸感，但后味延续较短。

柠檬酸在烹饪中的应用，主要是起保色的作用，同时可增加香味和果酸味，使菜品形成特殊的风味，酸味爽快可口。如在制作柠檬鸡柳、果味鱼片等菜肴中有时会用柠檬酸。使用时要注意使用量，先用水溶解后再进行调味。

3. 乳酸

乳酸因最先在酸奶中发现而得名。乳酸因吸湿性很强，所以一般为无色或淡黄色的透明糖浆状液，低温也不凝结，其酸味较醋酸温和。乳酸能溶于水、酒精、丙酮、乙醚中，有发酵和防腐的功能。乳酸可用作清凉饮料、酸乳饮料、合成酒、合成醋、辣椒油、酱菜等的酸味料，又可用于酵母发酵过程中防止杂菌的繁殖。

泡菜、酸菜和酸奶等都是利用乳酸菌发酵制成的。泡菜之所以有脆嫩的口感是因为乳酸菌体内缺少分解蛋白质的蛋白酶。因此，它不会消化植物组织细胞内的原生质，而只是利用蔬菜渗出的汁液中的糖分及氨基酸等可溶性物质作为乳酸菌繁殖活动的营养来源，这样就使泡菜组织仍保持脆、爽、挺的状态，并具有特殊的风味。在制作泡菜的过程中，由于乳酸的积累，泡菜汁中的pH可降到4以下，在这样的酸性条件下，分解蛋白质的腐败菌和产生不良风味的丁酸菌的活动及繁殖都会受到一定程度的抑制，从而起到防止杂菌的作用。

4. 葡萄糖酸

葡萄糖酸为无色至淡黄色的浆状液体，其酸味爽快，易溶于水，微溶于酒精，因不易结晶，故其产品多为50%的液体。葡萄糖酸可直接用于清凉饮料、合成酒和合成醋的酸味调料以及营养品的加味料，在营养品中可代替乳酸或柠檬酸。

葡萄糖酸在40℃减压浓缩，则生成葡萄糖酸内酯，将其内酯的水溶液加热，又能形成葡萄糖酸与内酯的平衡混合物。利用这一特性将葡萄糖内酯加于豆浆中，混合均匀后再加热，即生成葡萄糖酸，从而使大豆蛋白质凝固。这样可生产细腻软嫩的盒装内酯豆腐。葡萄糖酸也可直接用于调配清凉饮料和食醋等。

三、咸味物质

咸味是百味之主，在烹饪中至关重要。

烹饪中最常用的咸味剂是食盐，其次是酱油，其中的主要咸味成分是氯化钠。

普通食盐除含氯化钠外，尚有一些杂质，如镁盐，它具有较强的吸湿性。食盐经过精制加工后，可除去大部分杂质，使之不具吸湿性。

食盐在烹饪中不仅起调味、码味、提鲜、解腻等作用，还可利用其高渗透性和杀菌力，对烹饪原料进行除异味、防腐、腌制以及增加肉馅的持水性。

烹饪时用盐需要适时。用动物性原料制汤时，放盐不宜过早，以防因盐使蛋白质中的水溶性物质不易溶出，而使汤汁不鲜不浓；叶菜类烹制时，也不宜放盐过早，以免因盐使叶菜过多失水而皱缩、变老；而茎菜类烹制时则需早放盐，以便茎菜中水分渗出、咸味渗入而脆嫩、可口。

烹饪时用盐需要适量。过量的食盐不仅会影响口味，而且不利于人体健康。食盐的提鲜浓度为0.8%～1.2%，这是人感到最舒适的食盐浓度，在制汤时通常控制在这个浓度范围内；煮、炖食物时食盐的浓度一般控制在1.5%～2%。

四、苦味物质

天然的苦味物质中，植物来源的有两大类，即生物碱及一些糖苷，动物来源的主要是胆汁。烹饪原料中重要的苦味物质分述如下：

1. 茶叶、可可、咖啡中的苦味物质

茶叶中的主要苦味物质是茶碱，可可和咖啡中的主要苦味物分别是可可碱和咖啡碱，它们都是嘌呤衍生物，是主要的生物碱类苦味物质。这三种苦味物质在冷水中微溶，易溶于热水，化学性质较稳定。它们都有兴奋中枢神经的作用，也都有成瘾作用。

烹饪中，常用茶叶所特有的苦味及香味来烹制别具风味的菜肴，如龙井虾仁、五香茶叶蛋等。

2. 啤酒中的苦味物质

啤酒中的苦味物质主要来自啤酒花。啤酒花中原有的苦味物质为葎草酮类和蛇麻酮类，俗称为α-酸和β-酸，当啤酒花与麦芽汁共煮时，酒花中的α-酸部分异构化生成异α-酸等。

3. 柑橘中的苦味物质

柚皮苷和新橙皮苷是柑橘果实中天然存在的苦味物，当柚皮苷酶水解这两种糖苷时会失去苦味，故可利用酶来分解柚皮苷和新橙皮苷，以脱去橙汁的苦味。柚皮苷酶在成熟度较高的果实中，活力高，某些黑曲霉也能产生柚皮苷酶。

4. 苦瓜中的苦味物质

苦瓜的苦味，是由于它含有喹宁物质，喹宁物质具有清热解毒的功效。苦瓜中的苦瓜素号称“脂肪杀手”，对消脂、减肥有一定的效果。苦瓜的苦味可用热水焯或用盐腌渍的方法去除或减弱。苦瓜去掉了苦味，清热解毒的功效就会减弱，但消脂、减肥的功效依然存在。

5. 糖苷类苦味物质

糖苷类是许多果蔬表皮和果仁中常见的苦味物质，如广泛存在于桃、李、杏和银杏等果仁中的苦杏仁苷就是其中之一。苦杏仁苷具镇咳去痰作用。苦杏仁苷会在苦杏仁酶的作用下，分解产生氢氰酸，因此，生食或过多摄食杏仁、银杏会引起中毒。

6. 动物胆汁

动物胆汁是一种色浓而味极苦的液体，主要成分是胆酸、鹅胆酸及脱氧胆酸。由于其味极苦，因此在动物宰杀时要避免弄破胆囊。

五、鲜味物质

鲜味是食物的一种复杂美味感，鲜味物质有氨基酸、核苷酸、酰胺、肽、有机酸等。主要的鲜味成分是谷氨酸钠、5′-肌苷酸、5′-鸟苷酸和琥珀酸。

1. 氨基酸

在天然氨基酸中，L-谷氨酸和L-天冬氨酸的钠盐及其酰胺都有鲜味。谷氨酸的一钠盐俗称味精，有强烈的肉类鲜味。

味精易溶于水，水溶液对热稳定；在酸或碱性溶液中加热，鲜味有所降低，因为在碱性条件下加热，味精发生消旋作用，使呈味力下降；在酸性溶液中，易在分子内失水形成焦谷氨酸使呈味力下降。在正常范围内食用味精不会对健康有损害，但食用过多会使部分人出现中毒症状，所以要适量使用。此外，炒蔬菜时，应等到出锅时再放味精。因为谷氨酸钠在120℃的温度下会形成焦化谷氨酸钠，焦化谷氨酸钠不仅鲜味很低，而且具有一定的毒性。对于加入味精的“半成品”配菜的烹饪，应以蒸、煮为妥。

天冬氨酸钠是竹笋等植物性食物的主要鲜味物质。

2. 核苷酸

在核苷酸中，能呈鲜味的有5′-肌苷酸、5′-鸟苷酸和5′-黄苷酸，其中5′-肌苷酸和5′-鸟苷酸的鲜味最强。这些5′-核苷酸单独在纯水中并无鲜味，但与味精共存时，可使鲜味增强，呈肉味。5′-肌苷酸与味精以1：5～1：20的比例混合，因为味的相乘作用，使得味精的鲜味可增强6倍，而用5′-鸟苷酸与味精的混合则效果更加显著，并对酸、苦味有抑制作用。

5′-肌苷酸在各种动物肉中均含有。而5′-鸟苷酸仅存在于少数植物中，如香菇、酵母，在动物体中没有发现。

3. 琥珀酸

琥珀酸是贝类的主要鲜味物质，在干贝、蚬肉、蛤蜊、牡蛎和鲍鱼中的含量分别为370mg/100g、140mg/100g、140mg/100g、50mg/100g和30mg/100g。琥珀酸在畜禽肉、鱼肉和用微生物发酵酿造的调味料（如酱油、酱和黄酒）中也有少量存在。

琥珀酸难溶于冷水，溶解度随温度的升高而增大，但在有食盐存在的情况下溶解度减小。这就是在烹制贝类海鲜时，应先使贝类中的琥珀酸慢慢溶解进入汤汁，然后在后期再加食盐的原因所在。

琥珀酸作为鲜味剂时，常用其一钠盐和二钠盐。

六、涩味物质

涩味物质在蔬果中广泛存在，香蕉、柿子、石榴、竹笋、茶叶、菠菜、苋菜和大部分野菜中含量较高。典型的涩味物质有单宁和草酸等。单宁也称鞣质，属多酚类物质，具有水溶性，有收敛性而显涩味，易被氧化，能与金属离子反应生成黑色物质。草酸又称乙二酸，可溶于水，有涩味，能与钙离子结合而形成溶解度很低的草酸钙。

因为涩味通常都被认为是不良口味，所以在多数情况下都要设法除去。常用的脱涩方法主要有：焯水处理，如用焯水的方法除去竹笋中的单宁，除去菠菜中的草酸；在果汁中加入蛋白质，使单宁沉淀；提高原料采用时的成熟度。只有在少数情况下，将具有轻微涩味的成分当作风味物质看待，如茶水和红葡萄酒的涩感。

七、辣味物质

辣味，严格说不是真正的味，它是辣味物质对人体产生的一种刺激或灼痛的感觉。辣味有热辣、麻辣和辛辣之分。热辣是在口腔中引起一种烧灼感，如辣椒的辣味。辛辣味，对味觉和嗅觉器官有双重刺激，呈味物质在常温下具有挥发性，如芥末、胡椒粉、洋葱和蒜、葱等。

辣味料的辣味强度从热辣到辛辣排序依次为：辣椒、胡椒、花椒、生姜、葱、蒜、芥末。

辣椒的热辣味来自于辣椒碱，花椒的麻辣味来自于花椒素，姜的辛辣味来自姜酮及姜脑。蒜、葱的辛辣味成分是硫醚类化合物，如蒜素。蒜、葱类在煮熟后失去辛辣味而发生甜味，这是由于二硫化合物被还原成硫醇之故。

辛辣成分有的是挥发性物质（如芥子油等），加热时能挥发掉一部分，因而加热后其辣味有所降低，但有的则相反，即当加热后原来结合型的辣味成分游离出来，使得辣味有所增强。

巩固提高练习

一、自测或练习

1. 为什么在烹饪过程中动物血或畜肉会失去鲜红色而呈现褐色？
2. 为什么肉类开始变质时有时会有变绿现象？

3．炒绿色蔬菜，当盖上锅盖烹制时菜色会变黄色，这是什么原因？

4．烹饪绿色蔬菜时保色护绿的方法有哪些？

5．酶促褐变可用哪些方法来控制？

6．葱、蒜、洋葱和韭菜等百合科蔬菜具有刺鼻的芳香味，其主要成分是什么？

7．烹饪常用植物香料的主要香味成分是什么？其风味特点分别是什么？

8．黄酒、白酒的主要香气成分是什么？酒在烹调中有哪些作用？

9．构成酱油特征香气的主要成分是什么？

10．鱼类烹饪时，为什么通过加适量料酒或醋就可以达到去腥的效果？

11．烹调时如何正确使用糖精？

12．泡菜通常口感比较脆嫩，其中的原因是什么？

13．食醋在烹饪中有哪些作用？

14．味精的主要成分是什么？烹饪时应如何正确使用味精？

15．核苷酸类鲜味成分主要分布在哪些食材中？它们的呈味特点怎样？

16．辣味可分为哪几种？各种辣味的代表性烹饪原料分别是什么？

二、实践与探究

1．紫甘蓝变色小实验

（1）取烧杯3个，放入等量的水，分别用白醋或小苏打将水调成微酸性、中性和微碱性（可用pH试纸测知）。

（2）将稍加切碎的紫甘蓝叶片放入，稍加搅拌，使菜叶浸没在溶液中，观察每个烧杯里紫甘蓝叶片和水的颜色变化情况。

（3）在微酸和微碱的烧杯内继续分别加白醋和小苏打，再观察颜色新的变化。

（4）分析用紫甘蓝做凉拌菜时最好加醋、清炒紫甘蓝时颜色变蓝的原因。

2．生活观察

对比以下3组食物在烹饪、加工前后的色、香、味变化，思考这些变化背后的烹饪化学原理。

（1）馒头与面包

（2）烧鸡或烤鸭

（3）烤牛肉或烤羊肉串

（4）咸菜或泡菜

（5）削皮后的苹果或改刀后的茄子

3．溯源探究

了解味精的发现、发明之旅。

第7章 有毒有害成分

◎ 学习目标

1 了解动植物烹饪原料中天然有毒有害成分的来源及其对人体的影响

2 熟悉烹饪加工过程中可能产生的有毒有害物的种类与危害

3 学会烹饪原料中有毒有害成分的去除和烹饪过程中可能产生的有毒有害成分的预防方法

第一节　植物性烹饪原料中有毒有害成分及其去除

一、生物碱类有毒有害成分

1. 龙葵素

龙葵素在变青、发芽的马铃薯中含量较高，不同部位的含量也不一样（表7-1）。误食后会出现呕吐、腹泻症状，严重时心肺功能衰竭而死亡。龙葵素在一些毒蕈类中也有存在。

表7-1　马铃薯中龙葵素的含量　　单位：mg/g

部位	含量	部位	含量
外皮	0.3~0.64	嫩芽	4.2~7.3
内皮	0.15	叶	0.55~0.6
肉质	0.012~0.1	茎	0.023~0.33
整体	0.075	花	2.15~4.15

发芽马铃薯的去毒：去皮，并将有芽和芽眼周围的皮层挖干净，再放入水中浸泡30~60min，使残余龙葵素溶于水中，然后烧熟煮透才可供食用。由于龙葵素遇醋酸时能被分解，所以在烹调时适当加一些食醋，有助于去除龙葵素的毒性。

2. 秋水仙碱

秋水仙碱存在于鲜黄花菜（又名金针菜）中，秋水仙碱本身对人体无毒，但在体内被氧化成氧化二秋水仙碱后则有剧毒，致死量为3~20mg/kg体重。

鲜黄花菜若未经煮泡去水，或急炒加热不彻底，进食量多后，可引起急性肠胃炎，一般食后数分钟至十几小时发病，主要症状为恶心、呕吐、腹痛、腹泻、头昏等。黄花菜经干制后无毒。

秋水仙碱去毒方法：

（1）在炒鲜黄花菜前先用水焯一下，然后再把它放于冷水中浸泡2h（中间换一次水）后即可供烹调食用。因为秋水仙碱易溶于水，浸泡可将大部分秋水仙碱除去。

（2）用鲜黄花菜做汤时，汤水要多，汤烧开后还应再煮15min左右，使之烧熟煮透。因为高温可破坏秋水仙碱。若将鲜黄花菜经蒸煮后晾干成为干制品，再水发烹调，食用就安全了。

二、苷类有毒有害成分

（一）氰苷类

氰苷类物质存在于某些核果和仁果的果仁、木薯的块根中。氰苷类在酸或酶的作用下可生成剧毒的氢氰酸，机体因而处于窒息状态。一般一个成年人食用苦杏仁5～10粒就可引起中毒，食用50～60粒就可引起死亡。含氰苷类毒素的烹饪原料，可经水煮加热使之水解形成氢氰酸挥发来去毒。

（二）硫苷类

硫苷类物质存在于甘蓝、萝卜等多种十字花科蔬菜及葱、蒜中，是其辛辣的主要成分。硫苷在苷酶作用下生成的一些产物有抑制碘吸收、抗甲状腺作用，因抑制甲状腺素的合作而导致甲状腺肿大。但硫苷也具有预防肿瘤的作用。

（三）皂苷

皂苷，广泛分布于植物界，由于溶于水，能生成胶体溶液，搅动时会像肥皂一样产生泡沫，因而称为皂苷。皂苷在试管中具有破坏红细胞的溶血作用。皂苷对凉血动物具有高度毒性，对人、畜在经口服时多数没有毒性（如大豆皂苷），少数则有剧毒（如茄苷，是胆碱酯酶抑制剂，过量摄食可引起中毒甚至死亡，发芽、变绿的马铃薯中含量较大）。

近年来，国内外大量研究表明，大豆皂苷不仅毒副作用很小，而且还具有许多对人体健康有益的生理功能。

三、蛋白质类有毒有害成分

一些豆类和谷物种子中含有毒性蛋白质物质——凝集素及蛋白酶抑制剂。

1. 凝集素和蛋白酶抑制剂

（1）凝集素　在豆类中含有一种能使红细胞细胞凝集的蛋白质，称为植物红细胞凝集素。

大豆、豌豆、扁豆、菜豆、刀豆、蚕豆等籽实中都含有的凝集素。生食或烹调不足会引起食用者恶心、呕吐等症状，严重者甚至死亡。食用未经煮熟煮透的四季豆容易发生中毒，原因就是四季豆中含有较多的植物红细胞凝集素等毒素。

凝集素经高温处理后可被破坏，所以四季豆在烹调时宜先在开水中焯几分钟，捞出后再烹调，直至四季豆的青绿色消失、无生豆腥味和苦硬感。食用凉拌四季豆，要在开水中焯10min以上，然后再调制。

（2）蛋白质性质的酶抑制剂　在豆类、谷物及马铃薯等植物性食物中还有一类毒蛋白物质——蛋白质性质的酶抑制剂。其中比较重要的是胰蛋白酶抑制剂和淀粉酶抑制剂。

①胰蛋白酶抑制剂：胰蛋白酶抑制剂是蛋白质性质的蛋白酶抑制剂中分布最广的一种，存在于大豆等豆类和马铃薯块茎等食物中。过量生食上述食物，由于胰蛋白酶受到抑制，可反射性地引起胰腺肿大。

②淀粉酶抑制剂：在小麦、菜豆、芋头、未成熟的香蕉和芒果等食物中含有各种蛋白质性质的淀粉酶的抑制剂。

生吃或食用烹调不透的豆类、谷物引起营养吸收下降的原因，除了凝集素的作用外，酶抑制剂的作用也是重要原因。

但是必须指出，低浓度的凝集素、胰蛋白酶抑制剂或淀粉酶抑制，均属于植物化学物。当含量低时不仅不会引起中毒，而且具有抑制肿瘤、抗氧化和降低血糖等作用。有资料显示，目前已有多种蛋白酶抑制剂用于临床，以抑制肿瘤细胞的浸润和转移，也用于抗病毒、抗炎症等治疗等。

2. 毒肽

毒肽是主要是指存在于蕈类中的鹅膏菌毒素与鬼笔菌毒素。这两种毒素都作用于肝脏。鹅膏菌毒素作用于肝细胞核，鬼笔菌毒素作用于肝细胞微粒体。鹅膏菌毒素的毒性大于鬼笔菌毒素。一个50g的毒蕈所含的毒素足以杀死一个成年人。误食毒蕈而致中毒、死亡的事件时有发生，应当引起注意。

第二节　动物性烹饪原料中有毒有害成分及其去除

一、河鲀毒素

河鲀毒素是一种毒性很强的神经毒素，其毒性比氰化钠大1000多倍。它对神经细胞膜的钠离子通道有专一性作用，能阻断神经冲动的传导，使神经末梢和中枢神经发生麻痹。

中毒初期表现为感觉神经麻痹，全身不适，继而恶心、呕吐、腹痛，口唇、舌尖及指尖刺疼发麻，同时引起外周血管扩张，使血压急剧下降，最后出现语言障碍、瞳孔散大，中毒者常因呼吸和血管运动中枢麻痹而死亡。中毒的死亡率很高，为40%～60%。

河鲀毒素主要分布于卵巢、肝脏、肾脏、血液、眼睛、鳃和皮中；毒素对热的稳定性较高，100℃加热4h或115℃加热3h才可将其完全破坏。家庭烹调中河鲀毒素几乎无变化，这是食用河豚鱼中毒的主要原因。

河鲀毒素的中毒机制可能与其妨碍钠离子的膜透过性、阻碍了神经和肌肉的兴奋传导有关。要注意的是，河鲀毒素并不是只存在于河豚鱼中，在一些海螺、海星和其他鱼中也有发现。

对河豚鱼的烹制需要有专门的技术。进行烹制前，应去掉所有的内脏、头和皮，肌肉经反复冲洗后，加入2%碳酸钠处理24h，使可能残留在肌肉中的毒素降到对人无害的程度，然后再用清水反复洗净。并对所有去除的河豚鱼内脏等进行专门处理，不得任意丢弃，以防误食中毒。

二、麻痹性贝类毒素

贝类中毒是食用水产品引起中毒的主要原因之一，贝类中毒的毒素一般与其吸食的单细胞藻类及其浮游生物中产生的毒素有关。这些毒藻中甲藻和膝沟藻是引起赤潮的藻。在赤潮环境中生长的贝类就变得具有毒性，例如以浮游植物为食料的贻贝类、文蛤类、牡蛎、扇贝等的中肠腺中就是毒素的主要蓄积所在，此外，其他属或科的藻类也可能是有毒的。这种毒素已经从鞭毛藻的培养物和有毒的贝壳中分离和纯化。纯化的毒素被称为石房蛤毒素。石房蛤毒素对热稳定，烹饪时并不破坏。

石房蛤毒素对人引起的毒性是对神经产生麻痹作用。首先是外周神经麻痹，所以称为麻痹性贝类毒素。中毒的主要表现为食后5～30min出现唇、牙床和舌周围麻木以及面部的神经麻痹，并伴有手指、脚趾麻木，接着出现行走困难、呕吐和昏迷，严重者常在2～12h内由于呼吸器官的麻痹而引起窒息死亡。

从甲藻和软体动物中已经分离出7种麻痹性贝类毒素，主要有石房蛤毒素、膝沟藻毒素和新石房蛤毒素等。

麻痹性贝类毒素的预防：发生赤潮期间最好不吃贝类海产品，食用贝类等海产品时要烧熟煮透。

三、鱼体组胺

组胺是鱼体中的游离组氨酸在组氨酸脱羧酶的催化下，发生脱羧反应而形成的。食用组胺含量高的鱼类，可引起人体中毒。

鱼体组胺的形成与鱼的种类和微生物有关。一般活动能力强的鱼如金枪鱼、沙丁鱼等，皮下肌肉血管发达、血红蛋白高，有青皮红肉的特点，死后在常温下放置较长时间易受到含有组氨酸脱羧酶的微生物污染而形成组胺。当鱼体不新鲜或腐败时，组胺含量更高。

组胺中毒是由于组胺使毛细血管扩张和支气管收缩引起的，主要表现为面部、胸部以及全身皮肤潮红和眼结膜充血等。患者1～2d可恢复。

组胺中毒的预防主要是防止鱼类腐败变质，慎吃不新鲜的鱼，不吃腐败变质的鱼。

鱼类组胺毒物的去除方法：

（1）鱼要充分洗干净，再用盐水浸泡半小时，烹调时要烧熟煮透，以高温来破坏组胺；

（2）将鱼先用盐水煮30min，去汤后再加作料烹调，可以大大减少组胺的含量；

（3）将鱼洗净后，按500g鱼加入25g雪里蕻的比例搭配进行清蒸或红烧，可大大减少组胺的含量；

（4）组胺是碱性物质，在烹调时加入适量的醋，也可以减少组胺的含量。

第三节　烹饪加工过程中可能产生的毒素及其防除

一、苯并（a）芘

苯并（a）芘又称3,4-苯并芘，它是由五个苯环构成的多环芳香烃。苯并（a）芘的性质稳定不易被破坏，溶于苯、甲苯、丙酮、环己烷等有机溶剂，而不溶于水。在酸性条件下不稳定，易与硝酸等起反应。

天然食物的苯并（a）芘含量甚微，一些食物中含有的较大量的苯并（a）芘主要来自加工和环境污染。油脂在高温条件下热解就可产生苯并（a）芘。一些食物采用烟熏、烧烤、烘焦、油炸等处理，由于与燃料燃烧所产生的苯并（a）芘直接接触而使食物污染。烟熏食物存放几周后，表层的苯并（a）芘会渗透到深层中去。因此，最好不直接用火焰烧烤食物。

苯并（a）芘是三大强致癌物质之一，最初发现致皮肤癌，后经深入的研究，证明由于入侵途径和作用部位的不同，对机体各脏器，如肺、肝、食道、胃肠等均有致癌性。一般说来，环境中的苯并（a）芘有致皮肤癌和肺癌的作用，食物中的苯并（a）芘有致胃癌的作用。冰岛人喜欢食用烟熏肉和鱼，因而该国的胃癌死亡率较高。

为了提高食物的安全性，避免苯并（a）芘的污染，应严格控制食物的烹饪条件，例如避免明火烧烤食物，避免长时间高温油炸食物等。在需要制作烘烤食物时，不要让食物直接接触炭火，可用铝箔或荷叶、菜叶包裹起来，而且烘烤时间也不宜过长，温度不宜过高。

熏烤肉类等动物性食物（如烤鸭、烤鸡）滴下的油中苯并（a）芘含量较高，不能食用。

二、杂环芳胺

食物在高温的烹制加工过程中，可以形成杂环芳胺类化合物，尤其是在富含蛋白质、氨基酸的食物中。杂环芳胺具有强烈的致突变性，与人类的肝脏、胃、大肠、乳腺和其他组织的肿瘤发病率增加有关。

一般来讲，水煮时由于温度较低，产生的杂环芳胺较少，煎、炸、烤烹饪由于温度较高，则产生的杂环芳胺的量相应较多。由于杂环芳胺形成的前体普遍存在于动物性食物中，仅通过简单的加热处理就可以形成各种致突变物，所以人类要想完全避免其危害是不可能的。但是我们可以采取一些措施来降低杂环芳胺的危害作用，例如不用高温烹饪肉类食物，尽量少用油炸、烧烤加工，防止加工过程中烧焦等。

知识拓展

怎样吃烤肉更安全

烤肉味虽美，但在高温烤制时会产生杂环芳胺和苯并（a）芘等致癌物。怎样吃烤肉更安全呢？

（1）控制烧烤温度为160～200℃，使肉不产生焦煳。

（2）用大蒜汁和桂皮粉、迷迭香等腌制肉片，可以减少烤制时致癌物的产生数量。

（3）用生的绿叶菜裹着烤肉吃或用番茄酱和柠檬汁涂在烤肉上吃，以降低致癌物的毒性和危害。

（4）同时烤些薯类和蔬菜，最好配上酱汤，使营养全面、平衡。

三、亚硝酸盐

烹饪原料中的亚硝酸盐的来源，一是由于加工需要，如火腿、香肠加工中用硝酸盐、亚硝酸盐作为发色剂；二是施肥过度，硝酸盐由土壤转移到蔬菜中，在生物化学条件下，硝酸盐很容易被还原为亚硝酸盐。

一些蔬菜中硝酸盐的含量见表7-2。

表7-2　一些蔬菜中硝酸盐的含量　　单位：%，干重

蔬菜名称	硝酸盐	蔬菜名称	硝酸盐
番茄	0～0.11	黄瓜	0～0.16
南瓜	0.09～0.43	青豆	0.04～0.25
芹菜	0.11～1.12	甘蓝	0.01～0.09
菠菜	0.07～0.66	胡萝卜	0～0.13

刚腌制不久的泡菜、酸菜中，亚硝酸盐含量很高。咸鱼、虾皮、鱼干片等水产品在腌制或熏制时，会产生高含量的亚硝酸盐和亚硝胺。粉嫩的熟肉制品、吃剩的隔夜菜、久置的凉

拌菜、久煮的火锅汤中也含有较高的亚硝酸盐。

亚硝酸盐对人类的危害主要表现在亚硝基化合物的形成上。食物中天然存在的亚硝基化合物极少，但是食物中存在着不同的胺类化合物。在酸性条件下，亚硝酸与胺类化合物作用，可以生成亚硝胺与亚硝酰胺。由于人体胃液的pH低，适合亚硝胺、亚硝酰胺的生成，所以食物中的亚硝酸盐与高蛋白食物中胺类化合物之间的反应是一个不容忽视的问题。

研究表明，90%的亚硝基化合物对动物有致突变、致畸、致癌作用。长时间、小剂量的亚硝基化合物可以使动物致癌，一次高剂量的冲击也可诱发癌变。此外，它们可以对任何器官诱发肿瘤，甚至可以通过胎盘、乳汁引起后代发生癌变，所以亚硝胺化合物曾经成为人们“谈癌色变”的主要物质之一。

降低亚硝基化合物的危害性的有效方法是：通过改善工艺条件与方法，降低畜产品加工时亚硝酸盐的使用量，对此，世界各国对动物性食品中亚硝盐的残留量均有明确限制；减少腌菜、腌鱼、熏鱼等食物的食用量，提倡食用新鲜的蔬菜、鱼类。

烹饪实践上，可以采用以下方法来减少或消除亚硝酸盐和亚硝胺危害：

（1）咸鱼中亚硝胺类比较多，最好不食用或者尽量少食用。需要食用时，在食用前用水煮，再经清水冲洗干净后烹调。

（2）虾米、虾皮中含有亚硝胺类物质，食用前应用水稍煮一下后再烹调。

（3）咸肉、香肠、火腿等肉制品也含有数量不等的亚硝酸盐和亚硝胺类物质，这些制品食用时如再经高温油炸、油煎，会产生脱羧基作用，促进亚硝胺的合成，使其含量增加。因此，此类制品食用时应避免油煎、油炸，应该先用水冲洗后，采用蒸、煮的办法，使亚硝胺类物质在蒸、煮时随水蒸气挥发，以大大减少亚硝胺对人体的危害。此外，醋也有分解亚硝基化合物的作用，所以在烹调这类制品时，最好再加些醋。

（4）腌菜（如咸菜、泡菜和酸菜等）要腌透。一般来说，腌菜中亚硝酸盐在开始腌制的头两三天到十几天之间出现高峰。腌制20d以后，亚硝酸盐含量已经明显下降，一个月后是安全的。腌菜除要腌透外，烹饪前最好再用清水洗涤几遍，以尽量减少腌菜中亚硝酸盐的含量。

（5）一些烹饪原料（如生姜、大蒜、鲜辣椒、茶叶、猕猴桃）和某些成分（如维生素C、维生素E和酚类物质）等，可以阻断亚硝基化合物的形成，可以降低亚硝胺形成的风险，烹饪时可以考虑合理搭配与使用。

巩固提高练习

一、自测或练习

1．硫苷类、氰苷类毒素常存在于哪些食物中，应如何预防中毒？

2．为什么食用发芽马铃薯会造成食用者中毒？

3．未经处理的鲜黄花菜含有什么毒素？应如何去毒？

4．四季豆应怎样烹制才安全？

5．河鲀毒素主要分布在哪些部位？为什么说食用河豚鱼容易中毒？

6．什么情况下鱼体中组胺含量会增加？日常生活中应如何预防组胺中毒？

7．苯并（a）芘的毒性和危害怎样？哪些烹调加工方法可能造成食物苯并（a）芘的污染？烹饪实践上应怎样减少或避免苯并（a）芘的污染？

8．杂环芳胺对人体有哪些危害？食物中的杂环芳胺来自何处？烹饪中应如何减少杂环芳胺的产生？

9．腌菜中的亚硝酸盐的生成规律怎样？怎样吃腌菜才能确保安全？

10．烹饪实践上可采取哪些措施来减少或消除亚硝酸盐和亚硝酸胺的危害？

二、实践与探究

1．通过资料查找等方法，调查近年来食物中毒事例，分析原因，吸取教训。

2．结合假期社会实践等形式，开展科学烹饪、合理膳食宣传教育活动。

综合测试题

综合测试（一）

一、名词解释

1. 浸出油
2. 焦糖化反应
3. 面筋
4. 必需氨基酸
5. 褐变

二、选择题

1. “生米煮成熟米饭”从烹饪化学角度说是淀粉发生了（　　）。
   （A）回生作用　（B）水解反应　（C）糊化作用　（D）焦糖化作用
2. 被科学家称为“抗癌之王”的微量元素是（　　）。
   （A）铁　（B）碘　（C）氟　（D）硒
3. 乳品中所含的（　　）有助于人体对钙的吸收和代谢，但对某些人它可导致不耐症。
   （A）果糖　（B）乳糖　（C）葡萄糖　（D）水苏糖
4. 味精与核苷酸共存时，会使鲜味产生（　　）作用。
   （A）对比　（B）相消　（C）相乘　（D）变调
5. 以下脂肪酸中，属于必需脂肪酸的是（　　）。
   （A）亚油酸　（B）油酸　（C）硬脂酸　（D）棕榈酸
6. 以下氨基酸中，属于鲜味氨基酸的是（　　）。
   （A）苏氨酸　（B）谷氨酸　（C）赖氨酸　（D）蛋氨酸
7. （　　）在不同酸碱条件下会产生从红紫色至蓝色等一系列颜色变化，被称为“变色龙”。
   （A）胡萝卜素　（B）血红素　（C）叶绿素　（D）花青素
8. 植物油脂中不存在的成分是（　　）。
   （A）维生素E　（B）植物固醇　（C）胆固醇　（D）卵磷脂

9. 胶原蛋白属于（　　）。
（A）优质蛋白　（B）次优蛋白　（C）完全蛋白　（D）不完全蛋白
10. 以下糖类中，吸湿性最强的糖是（　　），因而用其来生产面包、糕点时可保持松软可口状态。
（A）果糖　（B）葡萄糖　（C）麦芽糖　（D）蔗糖

三、判断题，正确的打"√"，错误的打"×"
1. 胆固醇摄入过多将会对人们的健康构成重要威胁，我们要坚决抵制胆固醇的摄入。
2. 动物性食物中的脂肪以饱和脂肪酸为主。
3. 蛋白质的营养价值主要在于提供人体所需的热量。
4. 油酸是必需脂肪酸。
5. 烹饪时蔬菜应先洗后切，以防蛋白质过多的流失。
6. 要使成菜"嫩"，应该设法尽量保持原料中的水分含量。
7. 咸鱼中含有较高的苯并（a）芘，要尽量少食用或不食用。
8. 大豆中含有胰蛋白酶抑制剂，因此豆浆必须需真正煮开后才能食用。
9. 味精在高温下会发生焦糖化反应而失去原有的鲜味。
10. 贝类味道鲜美，其主要的鲜味成分是琥珀酸。

四、填空题
1. 鱼翅、海参的蛋白质主要是＿＿＿＿＿＿，其营养价值并没有比鸡蛋、牛奶的蛋白质高。
2. 决定某种油脂性质、营养及其品质的因素是构成这种油脂的＿＿＿＿＿＿种类、含量和比例。
3. 抗坏血病维生素，又称抗坏血酸，它就是维生素＿＿＿＿＿＿，它在新鲜蔬果中含量较多。
4. 牛羊肉在烧烤过程中产生的褐变主要是因＿＿＿＿＿＿反应而引起的。
5. 刚腌制不久的咸菜、酸菜中＿＿＿＿＿＿含量很高，容易引起中毒，一般要腌制20天以上才比较安全。
6. 根据分子结构的不同，淀粉可分为直链淀粉和＿＿＿＿＿＿两种。
7. 发芽的马铃薯有毒，其毒性成分称作＿＿＿＿＿＿。
8. 水的密度较低，水结冰时体积会＿＿＿＿＿＿，这会导致食材冻结时组织结构被破坏。

9. 根据矿物质在人体内的含量不同，通常可分为常量元素和＿＿＿＿＿＿。

10. 按其溶解性的不同，维生素可分为水溶性维生素和＿＿＿＿＿＿维生素两大类。

五、简答题

1. 糖类加热到熔点以上时会变成深色物质，这个反应称为什么？它会给菜肴带来什么影响？
2. 菜肴勾芡、上浆、挂糊，都与什么成分的什么作用有关？
3. 畜禽肉、蛋类煮熟等均与蛋白质的什么性质相关？
4. 在烹饪过程中，可采取哪些措施来尽量减少维生素的损失？
5. 制作奶汤一般都用母鸡、蹄髈、猪骨、鱼头等食材，这些食材中含有哪些与制作奶汤相关的重要成分？
6. 油脂氧化，导致油脂或含油食材质量严重变质，应如何延缓油脂氧化的发生？

综合测试（二）

一、名词解释

1. 自由水
2. 蛋白质变性
3. 羰氨反应（美拉德反应）
4. 油脂烟点
5. 转化糖

二、选择题

1. 以下食物中，胆固醇含量最高的是（　　）。
（A）猪油　（B）蛋黄　（C）动物脑　（D）菜籽油
2. 人类饮用水最经济最实惠的水是（　　）。
（A）白开水　（B）矿泉水　（C）纯净水　（D）各类茶水
3. 以单不饱和脂肪酸为主的油脂是（　　）。
（A）玉米油　（B）棕榈油　（C）花生油　（D）山茶油
4. 以下成分中，与眼睛保健相关性不大的成分是（　　）。
（A）胡萝卜素　（B）叶黄素　（C）玉米黄素　（D）蛋白质
5. 鱼类腥臭味的主要成分是（　　）。
（A）硫化氢　（B）吲哚　（C）三甲胺　（D）甲醛
6. 以下碳水化合物中，不属于多糖的是（　　）。
（A）淀粉　（B）果胶　（C）纤维素　（D）麦芽糖
7. 花青素在酸性条件下呈现比较稳定的（　　）。
（A）红紫色　（B）蓝色　（C）蓝黑色　（D）无色
8. 以下脂肪酸中，属于多不饱和脂肪酸的是（　　）。
（A）软脂酸　（B）油酸　（C）亚油酸　（D）硬脂酸
9. 就水与微生物的关系而言，食材中各种微生物的生长繁殖，是由（　　）决定的。
（A）水分含量　（B）水分活度　（C）蛋白含量　（D）脂肪含量
10. （　　）具有阳光维生素之称，可促进肠道对钙、磷的吸收，可预防骨质疏松、骨痛等病症。
（A）维生素A　（B）维生素B_1　（C）维生素C　（D）维生素D

三、判断题，正确的打“√”，错误的打“×”

1. 松花蛋在碱的作用下，由半固态变为固态，这个变化称蛋白质的变性。
2. 盖锅盖炒青菜会变黄，原因是其中的叶绿素变成叶黄素了。
3. 糖类加热到熔点以上时会变成焦糖，焦糖可用来给红烧肉等上色。
4. 菜肴勾芡、上浆、挂糊等，可较好地保持菜肴中含有较多的油脂。
5. 鱼翅、海参的蛋白质主要是优质蛋白质，有很好的滋补作用。
6. 决定一种油脂性质、营养及其品质的因素是构成这种油脂的脂肪酸种类、含量和比例。
7. 维生素C，在新鲜蔬果中含量较多，在酸性条件下稳定。
8. 牛羊肉在烧烤过程中产生的褐变主要是焦糖化反应而引起的褐变。
9. 新鲜黄花菜中含有的毒性成分是龙葵素。
10. 菠菜经沸水焯水，可比较有效地去除大部分的草酸。

四、填空题

1. 常量元素主要有：＿＿＿＿＿＿、磷、钾、钠、硫、氯、镁等7种。
2. 蛋白质的主要构成元素有碳、氢、氧、氮，其中＿＿＿＿＿＿元素几乎全部为蛋白质所有。
3. 构成山茶油、橄榄油的最主要脂肪酸是＿＿＿＿＿＿，它属于单不饱和脂肪酸。
4. 在所有维生素中，最不稳定、最容易被破坏的维生素是＿＿＿＿＿＿。
5. 制作奶汤一般都用母鸡、蹄髈、猪骨、鱼头等食材，因为这些食材中富含可溶性蛋白质、油脂和＿＿＿＿＿＿等物质。
6. 淀粉可在无机酸或酶的催化下发生水解，分别称为酸水解法和酶水解法，最终水解产物均为＿＿＿＿＿＿。
7. 烹饪过程中，畜禽肉会失去鲜红色而呈现褐色，其原因是＿＿＿＿＿＿中的二价铁离子被氧化成三价铁离子。
8. 蘑菇、茄子等蔬菜在改刀后很容易发生褐变，这种褐变通常是＿＿＿＿＿＿。
9. 纤维素是地球上最丰富的有机物，主要构成植物的＿＿＿＿＿＿。
10. 通常认为，＿＿＿＿＿＿是人类补钙的最好食物。

五、简答题

1. 要使成菜“嫩”，应该设法保持原料中的哪种成分？
2. 制作肉馅时加入少量盐，可使肉馅口感更嫩更爽口，原因是增加了肉馅蛋白质的什么能力？

3. 冬笋、香菇和贝类中分别含有哪些鲜味物质？
4. 白切鸡、凉拌鸡应沸水下锅，而炖鸡则需冷水下锅，为什么？
5. 从烹饪化学角度看，经常食用胶原蛋白就能使皮肤光洁美白吗？
6. 食盐在烹饪中有哪些作用？应如何科学用盐？

综合测试（三）

一、名词解释

1. 水分活度
2. 微量元素
3. 油脂烟点
4. 低聚糖
5. 淀粉糊化

二、单项选择题

1. 以下几种食用油脂中烟点最高的是（　　）。

（A）特级初榨橄榄油　（B）土菜油　（C）精炼玉米胚芽油　（D）猪油

2. 高压锅炖煮肉类更容易软烂是因为高压使水的（　　）。

（A）沸点提高　（B）沸点降低　（C）密度提高　（D）密度降低

3. 被称为“智力之王”的微量元素是（　　）。

（A）铁　（B）碘　（C）铜　（D）硒

4. 通常认为，构成蛋白质的氨基酸有（　　）种。

（A）8　（B）10　（C）15　（D）20

5. 烤肉颜色从鲜红变成褐色，是由于发生了（　　）。

（A）羰氨反应　（B）焦糖化反应　（C）酶促褐变　（D）烟熏效应

6. 以下几种糖中，甜度最大的糖是（　　）。

（A）葡萄糖　（B）果糖　（C）蔗糖　（D）麦芽糖

7. 黑豆、黑米用水浸泡后褪色，其原因是（　　）。

（A）买到假货了　（B）胡萝卜素水解了　（C）花青素溶解了　（D）淀粉老化了

8. 咸鱼中含有较高（　　），要尽量少食用或不食用。

（A）黄曲霉毒素　（B）苯并（a）芘　（C）杂环芳胺　（D）亚硝胺

9. 以下维生素中不具有抗氧化作用的是（　　）。

（A）维生素E　（B）维生素B_1　（C）维生素C　（D）维生素A

10. 以下几种物质中，不含涩味的是（　　）。

（A）草酸　（B）单宁　（C）明矾　（D）糖醇

三、判断题，正确的打“√”，错误的打“×”

1. 钙、磷、钾、碘、锌、氯、镁都是微量元素。
2. 反式脂肪酸饱和程度高，不容易氧化变质，对人体健康并无不良影响。
3. 构成山茶油、橄榄油的最主要脂肪酸是油酸，它属于单不饱和脂肪酸。
4. 在所有维生素中，最不稳定、最容易被破坏的是维生素D。
5. 烟熏火烤类食物存在着苯并（a）芘、杂环芳胺等致癌物超量超标的风险。
6. 淀粉可在无机酸或酶的催化下发生水解，最终水解产物为蔗糖。
7. 烹饪过程中，畜禽肉会失去鲜红色而呈现褐色，其原因是血红素中的三价铁离子被还原成二价铁离子。
8. 蘑菇、茄子等蔬菜在改刀后很容易发生褐变，这种褐变通常是由美拉德反应引起的。
9. 香菇、金针菇等食用菌类中含有较多的真菌多糖，它们是可溶性膳食纤维，对人体有重要生理功能。
10. 通常认为，牛奶等乳品是人类补钙最好的食物。

四、填空题

1. 大蒜中存在蒜苷，需在蒜苷酶的作用下生成______________，才能更好地发挥其作为调味料和“天然抗生素”的作用。
2. 新鲜叶菜中，含量最高的成分是______________。
3. 构成淀粉的基本结构单元是______________。
4. 存在于鲜黄花菜中的有毒有害成分叫______________，因其溶于水，所以经水焯后大部分可去除。
5. 维生素按溶解性的不同可分为______________和水溶性维生素两大类。
6. 辣味有热辣、______________和辛辣之分。
7. 黑豆、黑米用水浸泡后褪色，其原因是______________在水中溶解导致。
8. 微量元素有多种，其中必需微量元素主要有______________、碘、锌、硒、铜、铬、钼、钴等。
9. 蛋白质是由多种______________通过肽键连接而成的高分子化合物。
10. 用乳酸菌制作酸奶，其实质是乳酸菌使乳糖发酵产生的乳酸，从而使蛋白质产生______________而凝固。

五、简答题

1. 腌肉、火腿肥肉表面发黄，呈哈喇味，这是因为油脂发生了什么变化?

2. 为什么用酒、醋烧鱼可以去掉鱼腥味?
3. 维生素C怕酸还是碱？烹饪时应当怎样保护使其少受损失?
4. 烹饪中绿叶菜护绿的方法有哪些?
5. 味精在高温时会发生什么变化？烹饪时应如何加以避免?
6. 高温爆炒最好选用什么类型的油脂？烹饪用油应怎么存放比较好?

参考文献

[1] 毛羽扬. 烹饪化学 [M]. 北京：中国轻工业出版社，2010.
[2] 何江红，郝志阔，林梅. 烹饪化学 [M]. 北京：中国质检出版社，2017.
[3] 曾洁. 烹饪化学 [M]. 2版. 北京：化学工业出版社，2020.
[4] 阚健全. 食品化学 [M]. 3版. 北京：中国农业出版社，2016.
[5] 中国营养学会. 中国居民膳食指南（2016）[M]. 北京：人民卫生出版社，2016.
[6] 黄刚平. 烹饪基础化学 [M]. 北京：旅游教育出版社，2005.
[7] 贡汉坤. 食品生物化学 [M]. 北京：科学出版社，2010.
[8] 王淼等. 食品生物化学 [M]. 北京：中国轻工业出版社，2009.
[9] 范志红. 范志红谈厨房里的饮食安全 [M]. 北京：化学工业出版社，2018.
[10] 于康. 吃的误区 [M]. 北京：科学技术文献出版社，2018.
[11] 黄俊，赵千骏. 食品营养与安全 [M]. 北京：中国轻工业出版社，2009.
[12] 丁耐克. 食品风味化学 [M]. 北京：中国轻工业出版社，2001.
[13] 谢达平. 食品生物化学 [M]. 北京：中国农业出版社，2004.
[14] 李丽娅. 食品生物化学 [M]. 北京：高等教育出版社，2004.
[15] 郑建仙. 功能性食品（第一卷）[M]. 北京：中国轻工业出版社，1999.
[16] 赵新淮. 食品化学 [M]. 北京：化学工业出版社，2006.
[17] 李培青. 食品生物化学 [M]. 北京：中国轻工业出版社，2007.
[18] 吴坤. 营养与食品卫生学 [M]. 北京：人民卫生出版社，2003.
[19] 杜克生. 食品生物化学 [M]. 北京：中国轻工业出版社，2009.
[20] 陈昭妃. 打造黄金免疫力 [M]. 北京：中国社会出版社，2006.
[21] 夏慧丽. 营养密码 [M]. 北京：电子工业出版社，2018.
[22] 张迅捷. 维生素全书 [M]. 北京：中国民航出版社，2005.

中等职业教育中餐烹饪专业教材

烹饪专业职业素养与就业指导 双色印刷
朱长征　段晓艳　主编
页　数：124页
定　价：20.00元
ISBN：9787518409815

更多精彩内容

冷菜与冷拼实训教程
彩色印刷
杨宗亮　黄　勇　主编
页　数：164页
定　价：43.00元
ISBN：9787518418244

更多精彩内容

中式面点技艺
彩色印刷
任昌娟　主编
页　数：184页
定　价：42.00元
ISBN：9787518430987

更多精彩内容

烹饪原料教程
双色印刷
黄　勇　盛金朋　主编
页　数：268页
定　价：43.00元
ISBN：9787518419364

更多精彩内容

教学资源：

面点原料知识（第二版）
双色印刷
钱　峰　时　蓓　主编
页　数：208页
定　价：36.00元
ISBN：9787518419630

更多精彩内容

教学资源：

烹饪英语（第二版）
彩色印刷
宋　洁　主编
页　数：208页
定　价：39.80元
ISBN：9787518429318

更多精彩内容

教学资源：

中国饮食文化（第二版）
双色印刷
赵建民　金洪霞　主编
页　数：220页
定　价：36.00元
ISBN：978751842561

更多精彩内容

教学资源：

烹饪工艺美术（第二版）
彩色印刷
刘雪峰　夏玉林
滕家华　主编
页　数：128页
定　价：36.00元
ISBN：9787518426393

更多精彩内容

餐饮成本核算（第二版）
双色印刷
刘雪峰　滕家华　主编
页　数：208页
定　价：36.00元
ISBN：9787518426386

更多精彩内容